チャート式®

中学

2年

準拠ドリル

数研出版
https://www.chart.co.jp

本書は「チャート式 中学数学 2年」の準拠問題集（じゅんきょもんだいしゅう）です。
本書のみでも学習可能ですが，参考書とあわせて使用することで，さらに力がのばせます。

特長

1. チェック→トライ→チャレンジの3ステップで，段階的に学習できます。

2. 巻末のテストで，学年の総まとめと入試対策の基礎固めができます。

3. 参考書の対応ページを掲載（けいさい）。わからないときやもっと詳しく知りたいときにすぐに参照できます。

構成

1項目（こうもく）あたり見開き2ページです。

チェック
基本問題です。ここで単元の要点を確認しましょう。

チャート式参考書の項目番号です。

ポイント
色のついた部分は特に大事なので，おさえておきましょう。

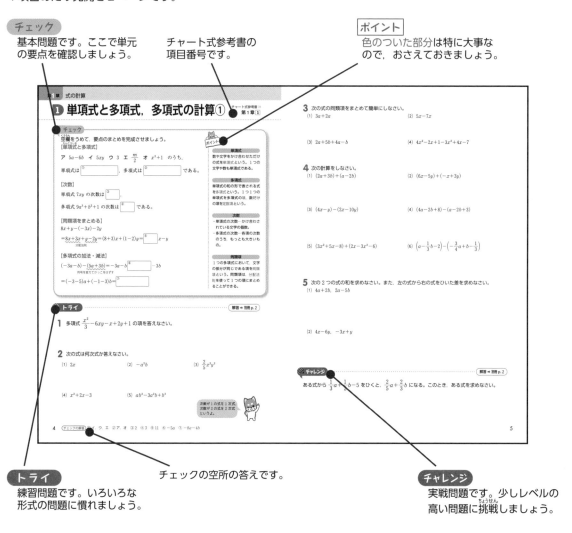

トライ
練習問題です。いろいろな形式の問題に慣れましょう。

チェックの空所の答えです。

チャレンジ
実戦問題です。少しレベルの高い問題に挑戦しましょう。

確認問題 章ごとに学習内容が定着しているか確認する問題です。

入試対策テスト 学年の総まとめと入試対策の基礎固めを行うテストです。

もくじ

一緒に
がんばろう！

数研出版公式キャラクター
数犬 チャ太郎

1 単項式と多項式，多項式の計算①

チェック

空欄をうめて，要点のまとめを完成させましょう。

【単項式と多項式】

ア　$5a-6b$　　イ　$5xy$　　ウ　3　　エ　$\dfrac{m}{2}$　　オ　x^2+1　のうち，

単項式は ①[＿＿＿＿＿]，多項式は ②[＿＿＿＿＿] である。

【次数】

単項式 $7xy$ の次数は ③[＿＿]，

多項式 $9a^3+b^2+1$ の次数は ④[＿＿] である。

【同類項をまとめる】

$8x+y-(-3x)-2y$

$=\underset{\text{分配法則}}{\underline{8x+3x}}+y-2y=(8+3)x+(1-2)y=⑤[\quad]x-y$

【多項式の加法・減法】

$(-3a-b)-(5a+3b)=-3a-b\underset{\text{符号を変えてかっこをはずす}}{\underline{\quad⑥[\quad]\quad}}-3b$

$=(-3-5)a+(-1-3)b=⑦[\qquad\qquad]$

> **ポイント**
>
> **単項式**
> 数や文字をかけ合わせただけの式を単項式という。1つの文字や数も単項式である。
>
> **多項式**
> 単項式の和の形で表される式を多項式という。1つ1つの単項式を多項式の項，数だけの項を定数項という。
>
> **次数**
> ・単項式の次数…かけ合わされている文字の個数。
> ・多項式の次数…各項の次数のうち，もっとも大きいもの。
>
> **同類項**
> 1つの多項式において，文字の部分が同じである項を同類項という。同類項は，分配法則を使って1つの項にまとめることができる。

トライ

解答 ➡ 別冊 p.2

1 多項式 $\dfrac{x^2}{3}-6xy-x+2y+1$ の項を答えなさい。

2 次の式は何次式か答えなさい。

(1) $2x$　　　　　　　(2) $-a^2b$　　　　　　　(3) $\dfrac{2}{5}x^2y^2$

(4) x^2+2x-3　　　　(5) $ab^2-3a^2b+b^3$

次数が1の式を1次式，次数が2の式を2次式というよ。

チェックの解答 ①イ，ウ，エ ②ア，オ ③2 ④3 ⑤11 ⑥$-5a$ ⑦$-8a-4b$

3 次の式の同類項をまとめて簡単にしなさい。

(1) $3a+2a$

(2) $5x-7x$

(3) $2a+5b+4a-b$

(4) $4x^2-2x+1-3x^2+4x-7$

4 次の計算をしなさい。

(1) $(2a+3b)+(a-2b)$

(2) $(6x-5y)+(-x+3y)$

(3) $(4x-y)-(2x-10y)$

(4) $(4a-2b+8)-(a-2b+3)$

(5) $(3x^2+5x-8)+(2x-3x^2-6)$

(6) $\left(a-\dfrac{1}{3}b-2\right)-\left(-\dfrac{3}{4}a+b-\dfrac{1}{3}\right)$

5 次の2つの式の和を求めなさい。また，左の式から右の式をひいた差を求めなさい。

(1) $4a+2b$, $2a-5b$

(2) $4x-6y$, $-3x+y$

解答 ➡ 別冊 p.2

💬 **チャレンジ** ···

ある式から $\dfrac{1}{3}a+\dfrac{1}{2}b-5$ をひくと，$\dfrac{2}{5}a+\dfrac{2}{3}b$ になる。このとき，ある式を求めなさい。

2 多項式の計算②

✏ チェック

空欄をうめて，要点のまとめを完成させましょう。

【多項式と数の乗法・除法】

(1) $(3x-y)\times(-2)=3x\times(\boxed{①})+(-y)\times(\boxed{②})$

$=\boxed{③}$

(2) $(-9x+6y)\div 3=(-9x+6y)\times\boxed{④}$
　　　　　　　　　乗法になおす

$=-9x\times\dfrac{1}{3}+6y\times\dfrac{1}{3}=\boxed{⑤}$

【かっこをふくむ式の計算】

$5(-3x-4y)-3(2x+3y)$

$=5\times(-3x)+5\times(-4y)+(\boxed{⑥})\times 2x+(\boxed{⑦})\times 3y$

$=(-15-6)x+(-20-9)y=\boxed{⑧}$
　　同類項をまとめる

【分数をふくむ式の計算】

[1] 通分して1つの分数にまとめる方法

$\dfrac{5x-3y}{2}-\dfrac{x+y}{3}=\dfrac{3(5x-3y)}{\boxed{⑨}}-\dfrac{2(x+y)}{\boxed{⑩}}$

$=\dfrac{3(5x-3y)-2(x+y)}{6}=\dfrac{15x-9y-2x-2y}{6}=\boxed{⑪}$

[2] (分数)×(多項式) の形にする方法

$\dfrac{5x-3y}{2}-\dfrac{x+y}{3}=\dfrac{1}{\boxed{⑫}}\times(5x-3y)-\dfrac{1}{\boxed{⑬}}\times(x+y)$

$=\dfrac{5}{2}x-\dfrac{3}{2}y-\dfrac{1}{3}x-\dfrac{1}{3}y=\dfrac{15}{6}x-\dfrac{2}{6}x-\dfrac{9}{6}y-\dfrac{2}{6}y=\boxed{⑭}$

ポイント

多項式×数

分配法則を利用する。

$(a+b)\times c=ac+bc$

$a\times(b+c)=ab+ac$

多項式÷数

逆数をかける乗法になおす。

かっこをふくむ式の計算

❶分配法則を使ってかっこをはずす。
❷同類項をまとめる。

分数をふくむ式の計算

方法 [1]
❶通分する。
❷1つの分数にまとめる。
❸分子のかっこをはずす。
❹分子の同類項をまとめる。

方法 [2]
❶(分数)×(多項式) の形にする。
❷かっこをはずす。
❸通分する。
❹同類項をまとめる。

チェックの解答　① -2　② -2　③ $-6x+2y$　④ $\dfrac{1}{3}$　⑤ $-3x+2y$　⑥ -3　⑦ -3　⑧ $-21x-29y$　⑨ 6　⑩ 6　⑪ $\dfrac{13x-11y}{6}$　⑫ 2　⑬ 3　⑭ $\dfrac{13}{6}x-\dfrac{11}{6}y$

1 次の計算をしなさい。

(1) $\dfrac{3}{7}(21x^2-7x+14)$

(2) $(16x+12y-20)\div(-4)$

2 次の計算をしなさい。

(1) $(4a+b)-2(a-b)$

(2) $3(4x-y)-2(5x-2y)$

(3) $\dfrac{2}{3}(6a-9b)+12\left(\dfrac{1}{4}a+\dfrac{4}{3}b\right)$

(4) $\dfrac{5}{4}(2x-3y)-\dfrac{2}{3}\left(-\dfrac{3}{4}x+\dfrac{3}{8}y\right)$

3 次の計算をしなさい。

(1) $a+2b+\dfrac{a-4b}{3}$

(2) $\dfrac{3a+b}{2}-\dfrac{a-2b}{4}$

通分するときは，分母にかけた数と同じ数を，分子にもかけるよ。

(3) $\dfrac{2x-y}{3}+\dfrac{x+y}{4}$

(4) $\dfrac{a-2b}{4}+\dfrac{a+b}{6}$

(5) $\dfrac{x-y}{2}-\dfrac{2x-y}{5}$

(6) $\dfrac{3a+b}{3}-\dfrac{3a-b}{5}$

$A=x-3y$，$B=2x+y$ のとき，$A-B-3(A-3B)$ を計算しなさい。

3 単項式の乗法，除法

✎ チェック

空欄(くうらん)をうめて，要点のまとめを完成させましょう。

【単項式(たんこうしき)どうしの乗法】

$\dfrac{1}{2}a \times (-2a)^2 = \dfrac{1}{2} \times a \times (-2a) \times (-2a)$

$= \dfrac{1}{2} \times (\boxed{①}) \times (\boxed{②}) \times a \times \boxed{③} \times \boxed{④}$

　　　　　　　⌞--- 係数の積 ---⌟　　⌞--- 文字の積 ---⌟

$= \boxed{⑤}$

ポイント

単項式どうしの乗法
係数の積に文字の積をかける。

【単項式どうしの除法】

[1] 分数になおす方法

$6xy^2 \div 2y = \dfrac{6xy^2}{\boxed{⑥}} = \dfrac{6 \times x \times y \times y}{2 \times y} = \boxed{⑦}$

[2] 乗法になおす方法

$6xy^2 \div 2y = 6xy^2 \times \boxed{⑧} = 6 \times x \times y \times y \times \boxed{⑧}$

$= \boxed{⑨}$

単項式どうしの除法
分数になおすか乗法になおして計算する。なおすときは単項式の逆数に注意する。

例 $6xy^2 \div 2y = \cancel{6xy^2} \times \cancel{\dfrac{1}{2}y}$

【式の値(あたい)】

問　$x=-1$，$y=4$ のとき，$-2(x+4y)+6x$ の値を求めなさい。

解答　$-2(x+4y)+6x = -2x-8y+6x = \boxed{⑩} -8y$

$x=-1$，$y=4$ を代入して，

$\boxed{⑪} \times (-1) + (-8) \times \boxed{⑫} = -4-32 = \boxed{⑬}$　…**答**

式の値
数をいきなり代入するのではなく，式を簡単にしてから数を代入すると計算が楽になる。

✎ トライ

解答 ➡ 別冊 p. 2

1 次の計算をしなさい。

(1)　$2x \times 3yz$

(2)　$ab \div \left(-\dfrac{1}{2}a\right)$

　チェックの解答　① -2　② -2　③ a　④ a　⑤ $2a^3$　⑥ $2y$　⑦ $3xy$　⑧ $\dfrac{1}{2y}$　⑨ $3.xy$　⑩ $4.x$　⑪ 4　⑫ 4　⑬ -36

2 次の計算をしなさい。

(1) $12a^2b \times \left(-\dfrac{3}{4}ab\right)$

(2) $\left(-\dfrac{8}{5}xy\right) \times \left(-\dfrac{1}{2}x^2\right)$

(3) $(-3x)^3 \div \left(-\dfrac{3}{4}x^2\right)$

(4) $2a^2b^4 \div \left(-\dfrac{1}{3}ab\right)^2$

(5) $4ab^2 \div (-3b^2) \times 6a$

(6) $36x^2y^2 \div (-3x) \div 4xy$

かけ算だけの式になおして、約分しよう。

(7) $4x^2y \div 8xy \div \left(-\dfrac{1}{2}x\right)$

(8) $\dfrac{16}{9}ab^2 \times \left(-\dfrac{3}{2}a^2b\right)^2 \div \left(-\dfrac{4}{3}a^3b^2\right)$

3 $x=3$, $y=-5$ のとき，次の式の値を求めなさい。

(1) $3(5x+y)-4(2x-y)$

(2) $2x^3y \times (-3y) \div 6x^2$

4 $a=\dfrac{1}{2}$, $b=-\dfrac{1}{3}$ のとき，次の式の値を求めなさい。

(1) $5(2a-b)-4(a-5b)$

(2) $-8a^3b^2 \div 4a^2 \div \dfrac{1}{3}b$

💬 **チャレンジ** .... 解答 ➡ 別冊 p.3

$x=\dfrac{1}{3}$, $y=-\dfrac{1}{4}$ のとき，$\left(\dfrac{1}{2}x^2y\right)^3 \div \left(-\dfrac{1}{16}x^7y^4\right) \times (-xy)^2$ の値を求めなさい。

④ 文字式の利用

🖋 チェック

空欄をうめて，要点のまとめを完成させましょう。

ポイント

【倍数の表し方】

n を整数とする。

ア $2n$ **イ** $n-4$ **ウ** $4n+2$ **エ** $4n-4$

のうち，いつでも 4 の倍数になる式は ① ☐

【自然数の表し方】

2 けたの自然数の十の位の数を a，一の位の数を b とすると，2 けたの自然数は ② ☐ と表せる。

【余りがある数の表し方】

n を自然数とすると，3 でわると 2 余る数は ③ ☐ と表せる。

(わる数)×(整数)＋(余り)

【等式の変形】

問 $y=\dfrac{1}{2}x-3$ を x について解きなさい。

解答 両辺を入れかえると，④ ☐

-3 を移項すると，⑤ ☐

両辺に ⑥ ☐ をかけると，$x=2y+6$ …**答**

文字を使った数の表現
いつも成り立つことを説明するために，文字を使う方法がある。

2 けたの自然数
例 27 は 2 けたの自然数で，十の位が 2，一の位が 7 なので，$27=2\times10+7$ とも表せる。

余りがある数
a でわると b 余る数は，n を自然数としたとき，$an+b$ と表せる。

等式の性質
$A=B$ ならば，
$A+C=B+C$
$A-C=B-C$
$A\times C=B\times C$
$\dfrac{A}{C}=\dfrac{B}{C}$ $(C\neq0)$

🖊 トライ

解答 ➡ 別冊 p.3

1 連続する 4 つの奇数の和は 8 の倍数である。n を整数として，もっとも小さい奇数を $2n+1$ で表し，そのわけを説明しなさい。

チェックの解答 ① エ ② $10a+b$ ③ $3n+2$ ④ $\dfrac{1}{2}x-3=y$ ⑤ $\dfrac{1}{2}x=y+3$ ⑥ 2

2 2けたの自然数と，その十の位の数と一の位の数を入れかえた数の差は 9 の倍数になる。このことを，文字を使って説明しなさい。

3 高さが等しい円柱 A と円錐^{えんすい} B があり，A の底面の半径は B の底面の半径の 2 倍である。このとき，A の体積は B の体積の何倍になるか求めなさい。

4 次の等式を〔　〕内の文字について解きなさい。

(1)　$4x+3y=17$ 〔y〕

(2)　$m=\dfrac{2a+b}{3}$ 〔b〕

(3)　$1+\dfrac{a}{3}=2b$ 〔a〕

(4)　$\dfrac{9}{8}x-\dfrac{3}{2}y-3=0$ 〔y〕

✏ **チャレンジ** ・・ 解答 ➡ 別冊 p. 3

E さんが，英語，数学，国語の 3 教科のテストを受けたところ，英語と国語のテストの平均点は a 点であった。しかし，数学までふくめた 3 教科のテストの平均点は a 点よりも b 点下がった。E さんの数学の点数を，a および b を用いて表しなさい。

1 次のア～エの式について，あとの問いに答えなさい。

$$\textbf{ア}\ \ 15 \qquad \textbf{イ}\ \ x-3y^2+2z \qquad \textbf{ウ}\ \ \frac{x^2}{3}-5x \qquad \textbf{エ}\ \ 7xyz$$

(1) 単項式をすべて選んで記号で答えなさい。

(2) 次数が最も大きい式を選び，何次式か答えなさい。

2 次の計算をしなさい。

(1) $3x-y+x-5y$

(2) $(5x+2y)-(3x-4y)$

(3) $4(2x-y^2)$

(4) $(-21x+6y)\div 3$

(5) $(3x^2-x+2)-(x^2-4x+1)$

(6) $5(x-3y)-\{3x-4(y+1)\}$

(7) $\dfrac{7x+y}{4}+\dfrac{x-11y}{10}$

(8) $\dfrac{x-2y}{3}-\dfrac{2x+y}{4}+\dfrac{1}{6}y$

3 次の計算をしなさい。

(1) $a^3\times(-3a)^2$

(2) $20a^2b^3\div(-5ab^2)$

(3) $ab^3\div(-2ab)\times 4a$

(4) $(-a^3b)^2\times\dfrac{1}{3}b^2\div\left(-\dfrac{5}{9}a^2\right)$

4 次の式の値を求めなさい。

(1) $x = \dfrac{1}{2}$, $y = -5$ のとき, $3(x+y) - (x+4y)$

(2) $a = 3$, $b = -1$ のとき, $20a^2b \div 15a \times 6b$

5 2 つの自然数 a, b がある。a を 5 でわると商が m で余りが 7 で, b を 5 でわると商が n で余りが 1 である。

(1) 自然数 a, b を, それぞれ m, n を使って表しなさい。

(2) $a + b$ を 5 でわったときの商と余りを求めなさい。

6 各位の数の和が 9 の倍数ならば, その自然数は 9 の倍数である。このことを 3 けたの自然数で次のように説明した。(1)〜(3)にあてはまる数式や言葉を答えなさい。

　　3 けたの自然数の百の位を a, 十の位を b, 一の位を c とすると,

　　$100a + 10b + c = 9(\boxed{\quad (1) \quad}) + (a+b+c)$

　　$\boxed{\quad (1) \quad}$ は整数なので, $9(\boxed{\quad (1) \quad})$ は 9 の倍数である。

　　よって, $a+b+c$ が $\boxed{\quad (2) \quad}$ ならば, $100a+10b+c$ は 9 の倍数である。

　　$a+b+c$ は $\boxed{\quad (3) \quad}$ を表しているので,

　　各位の数の和が 9 の倍数ならば, その自然数は 9 の倍数である。

7 次の等式を〔　〕内の文字について解きなさい。

(1) $S = \dfrac{1}{2}\ell r$ 〔ℓ〕　　　　　　　　　　(2) $x = -4(y+z)$ 〔y〕

8 大小 2 つの円があり, それらの周の長さの差は a である。このとき, 次の問いに答えなさい。

(1) 大きい円の半径を R, 小さい円の半径を r とするとき, a を R, r を使って表しなさい。

(2) 2 つの円の半径の差を a を使って表しなさい。

5 連立方程式①

チャート式参考書 >>
第2章 **4**

チェック

空欄をうめて，要点のまとめを完成させましょう。

【連立方程式の解】

連立方程式 $\begin{cases} 3x+4y=3 & \cdots\cdots ⑦ \\ x-3y=14 & \cdots\cdots ⑦ \end{cases}$ について

$x=5$，$y=-3$ を ⑦，⑦ の左辺に代入すると，

⑦ は，（左辺）$=3\times5+4\times(-3)=\boxed{①}=$（右辺）

⑦ は，（左辺）$=5-3\times(-3)=\boxed{②}=$（右辺）

となるので，$x=5$，$y=-3$ はこの連立方程式の解である。

【加減法】

問　連立方程式 $\begin{cases} 3x+y=5 & \cdots\cdots ⑦ \\ 5x-3y=-1 & \cdots\cdots ⑦ \end{cases}$ を加減法で解きなさい。

解答　⑦×3＋⑦ より，

⑦×3　$9x+3y=15$

⑦　$+)\ 5x-3y=-1$

$\boxed{③}=\boxed{④}$

$x=1$

$\longrightarrow$ $x=1$ を ⑦ に代入

$3\times\boxed{⑤}+y=5$

$y=2$

答　$x=1$，$y=2$

【代入法】

問　連立方程式 $\begin{cases} 2x+3y=8 & \cdots\cdots ⑦ \\ x-y=-1 & \cdots\cdots ⑦ \end{cases}$ を代入法で解きなさい。

解答　⑦ より，$x=\boxed{⑥}$ ……⑨

⑨ を ⑦ に代入

$2\times(\boxed{⑥})+3y=8$

$y=2$

$\longrightarrow$ $y=2$ を ⑨ に代入

$x=2-1=\boxed{⑦}$

答　$x=1$，$y=2$

ポイント

連立方程式とその解

方程式をいくつか組にしたものを連立方程式といい，どの方程式も成り立たせる文字の値の組を，その連立方程式の解という。連立方程式の解き方には，加減法や代入法などがある。

加減法

❶ 1つの文字の係数の絶対値をそろえる。
❷ 2つの式をたす（またはひく）と，1つの文字が消去できる。
❸ 求まった文字の値を代入して，もう1つの文字の値も求める。

代入法

❶ 一方の式を $x=\sim$（または $y=\sim$）の形に変形する。
❷ 他方の式に代入すると，1つの文字が消去できる。
❸ 求まった文字の値を代入して，もう1つの文字の値も求める。

トライ

解答 ➡ 別冊 p. 4

1 次のア〜ウの中から，連立方程式 $\begin{cases} x-2y=4 \\ 3x+4y=2 \end{cases}$ の解を選びなさい。

ア $x=4$，$y=0$　　　　　**イ** $x=-2$，$y=2$　　　　　**ウ** $x=2$，$y=-1$

2 次の連立方程式を加減法で解きなさい。

(1) $\begin{cases} x+2y=5 \\ x-y=2 \end{cases}$

(2) $\begin{cases} 3x-2y=2 \\ 2x+y=-8 \end{cases}$

(3) $\begin{cases} -3x+y=5 \\ x+2y=3 \end{cases}$

(4) $\begin{cases} 6x-y=-2 \\ 4x-3y=8 \end{cases}$

3 次の連立方程式を代入法で解きなさい。

(1) $\begin{cases} 2x+y=5 \\ y=4x-1 \end{cases}$

(2) $\begin{cases} 4x+y=7 \\ x=3y+5 \end{cases}$

(3) $\begin{cases} x-y=5 \\ 5x+2y=4 \end{cases}$

(4) $\begin{cases} -2x+7y=11 \\ 2x=3y+1 \end{cases}$

💠 **チャレンジ** .... 解答 ➡ 別冊 p.4

連立方程式 $\begin{cases} 3x+5y-7=0 \\ 2x-3y-11=0 \end{cases}$ を解きなさい。

加減法で解いてみよう。

15

6 連立方程式②

✎ チェック

空欄をうめて，要点のまとめを完成させましょう。

【かっこのある連立方程式】

問　連立方程式 $\begin{cases} 2x-5(x+y)=6 & \cdots\cdots ⑦ \\ x+2y=-1 & \cdots\cdots ⑦ \end{cases}$ を解きなさい。

解答　⑦ のかっこをはずして，

$2x-5x-\boxed{①} = 6$ 　　$\boxed{②} = 6 \cdots\cdots ⑦$

$\begin{cases} \boxed{②} = 6 & \cdots\cdots ⑦ \\ x+2y=-1 & \cdots\cdots ⑦ \end{cases}$ を解いて，$x=-7,\ y=3$ …答

> **かっこのある連立方程式**
> 分配法則などを利用してかっこをはずし，$ax+by=c$ の形に整理する。

【係数が分数や小数の連立方程式】

問　連立方程式 $\begin{cases} 0.4x-0.5y=3 & \cdots\cdots ⑦ \\ 3x+2y=11 & \cdots\cdots ⑦ \end{cases}$ を解きなさい。

解答　⑦×10 より，$4x-5y=\boxed{③} \cdots\cdots ⑦$

$\begin{cases} 4x-5y=\boxed{③} & \cdots\cdots ⑦ \\ 3x+2y=11 & \cdots\cdots ⑦ \end{cases}$ を解いて，$x=5,\ y=-2$ …答

> **係数が分数の連立方程式**
> 両辺に分母の最小公倍数をかけて，分母をはらう。

> **係数が小数の連立方程式**
> 両辺に 10 の累乗をかけて，係数を整数にする。

【$A=B=C$ の形をした方程式】

問　連立方程式 $4x+y=x-5y=14$ を解きなさい。

解答　$\begin{cases} A=C \\ B=C \end{cases}$ の形になおすと，$\begin{cases} \boxed{④} = 14 \\ x-5y=14 \end{cases}$

これを解いて，$x=4,\ y=-2$ …答

> **$A=B=C$ の連立方程式**
> $A,\ B,\ C$ のうち，簡単な式を 2 回使って，
> $\begin{cases} A=B \\ B=C \end{cases} \begin{cases} A=B \\ A=C \end{cases} \begin{cases} A=C \\ B=C \end{cases}$
> のどれかになおす。

【解から連立方程式の係数を求める】

問　連立方程式 $\begin{cases} ax-2by=-28 \\ 2x+by=19 \end{cases}$ の解が $x=2,\ y=-5$ のとき，$a,\ b$ の値を求めなさい。

解答　$x=2,\ y=-5$ を連立方程式に代入すると，

$\begin{cases} 2a+\boxed{⑤} = -28 \\ 4-5b=19 \end{cases}$ これを解いて，$a=1,\ b=-3$ …答

> **解が与えられた方程式**
> 連立方程式の解が $x=2,\ y=-5$ ということは，連立方程式に $x=2,\ y=-5$ を代入すると等式が成り立つということ。

チェックの解答 ① $5y$ 　② $-3x-5y$ 　③ 30 　④ $4x+y$ 　⑤ $10b$

1 次の連立方程式を解きなさい。

(1) $\begin{cases} 2(x-6)-3y=1 \\ x=4y-6 \end{cases}$

(2) $\begin{cases} 3(x-2)=2(y+2) \\ y=2(x-1)-5 \end{cases}$

(3) $\begin{cases} \dfrac{x}{3}+\dfrac{y}{2}=-1 \\ x+4y=7 \end{cases}$

(4) $\begin{cases} x-y=5 \\ \dfrac{x}{2}+\dfrac{y-7}{5}=-1 \end{cases}$

係数は整数に
なおそう。

(5) $\begin{cases} x+y=13 \\ 0.07x+0.08y=1 \end{cases}$

(6) $\begin{cases} 0.3x-0.2y=3.2 \\ 5x-7y=35 \end{cases}$

2 x, y についての連立方程式 $\begin{cases} 2x+3y=6 \\ x+ay=3a \end{cases}$ の解が $x=-3$, $y=b$ のとき, a, b の値を求めなさい。

方程式 $2x+y+1=x+2y+5=6$ を解きなさい。

7 連立方程式の利用①

✎ チェック

空欄をうめて，要点のまとめを完成させましょう。

【代金と個数の問題】

問　2種類のゼリーA，Bがある。A3個とB1個の代金の合計は 1250円，AとBが2個ずつの代金の合計は1100円であった。A，B それぞれの1個の値段を求めなさい。

解答　A1個の値段を x 円，B1個の値段を y 円とすると，

$$\begin{cases} \boxed{①} + y = 1250 & \leftarrow \text{A3個とB1個の代金の合計} \\ 2x + \boxed{②} = 1100 & \leftarrow \text{A2個とB2個の代金の合計} \end{cases}$$

連立方程式を解いて，$x = 350$，$y = 200$

これらは問題に適している。　　　　**答**　A：350円，B：200円

【道のり・速さ・時間の問題】

問　家から駅まで2800mの道のりを，はじめは分速80mで歩き，途中からは分速200mで走ったところ，家を出てから23分後に駅に着いた。歩いた道のりと走った道のりをそれぞれ求めなさい。

解答　歩いた道のりを x m，走った道のりを y m とすると，

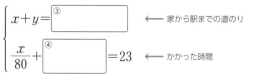

$$\begin{cases} x + y = \boxed{③} & \leftarrow \text{家から駅までの道のり} \\ \dfrac{x}{80} + \boxed{④} = 23 & \leftarrow \text{かかった時間} \end{cases}$$

連立方程式を解いて，$x = 1200$，$y = 1600$

これらは問題に適している。　　**答**　歩いた道のり 1200 m，走った道のり 1600 m

ポイント

代金と個数の問題

❶数量を文字で表す
　A3個とB1個の代金
　→$(3x + y)$ 円
　AとBが2個ずつの代金
　→$(2x + 2y)$ 円

❷連立方程式をつくる
　等しい数量を見つけて2つ
　の方程式に表す。

❸連立方程式を解く

❹解を確認する
　x，y は値段なので，自然
　数である。

道のり・速さ・時間の問題

・(歩いた道のり)
　＋(走った道のり)＝2800 m

・(歩いた時間)
　＋(走った時間)＝23 分

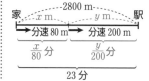

✎ トライ

解答 ➡ 別冊 p.5

1　ある水族館の入館料は右の表のようになっている。ある団体がこの水族館に行くのに，入館料の合計は，平日で6700円，休日で9800円になるという。この団体の大人と子どもの人数をそれぞれ求めなさい。

区分	大　人	子ども
平日	700 円	400 円
休日	1000 円	600 円

大人 x 人，子ども y 人の団体として，方程式をつくろう。

　チェックの解答　①$3x$　②$2y$　③2800　④$\dfrac{y}{200}$

2 1 本 250 円のバラと 1 本 150 円のマーガレットを，合計金額が 3500 円となるように，全部で 20 本購入する。このとき，購入するバラとマーガレットの本数をそれぞれ求めなさい。

3 ある人が A 地点から 3.6 km 離れた B 地点に行った。A 地点から途中の P 地点までは分速 50 m，P 地点から B 地点までは分速 80 m で歩き，全体で 1 時間かかった。このとき，A 地点から P 地点までの道のりと P 地点から B 地点までの道のりがそれぞれ何 km か求めなさい。

チャレンジ ・・・ 解答 ➡ 別冊 p.5

焼肉用の肉を 600 g 買うため，精肉店に行った。決めた予算では，バラ肉を 600 g 買うには 380 円不足し，モモ肉を 600 g 買うと 520 円余るので，バラ肉とモモ肉を 300 g ずつ買うことにした。支払った代金が 3630 円であったとき，バラ肉とモモ肉の 100 g あたりの値段をそれぞれ求めなさい。

8 連立方程式の利用②

チェック

空欄をうめて，要点のまとめを完成させましょう。

【割合の問題】

問 ある中学校の昨年の生徒数は 550 人であり，今年は男子が 20 %
増加し，女子が 10 % 減少した。今年の男子の人数が女子より 72 人
多いとき，昨年の男子，女子の人数をそれぞれ求めなさい。

解答 昨年の男子の人数を x 人，女子の人数を y 人とする。

昨年の人数について，$x+y=550$ …… ㋐

今年の人数について，$x×\underline{(1+0.2)}-y×\underline{(1-0.1)}=72$　より，
　　　　　　　　　　　　　　　20 % 増加　　　　　　10 % 減少

$$\boxed{①}-\boxed{②}=72 …… ㋑$$

㋐，㋑ を連立方程式として解いて，$x=270$，$y=280$

これらは問題に適している。　　　**答** 男子 270 人，女子 280 人

【食塩水の問題】

問 9 % の食塩水Ａと 4 % の食塩水Ｂを混ぜて，7 % の食塩水を
400 g つくった。ＡとＢをそれぞれ何 g ずつ混ぜたか求めなさい。

解答 Ａを x g，Ｂを y g 混ぜたとする。

食塩水の重さについて，$x+y=\boxed{③}$ …… ㋐

食塩の重さについて，$\underline{x×0.09}+\underline{y×0.04}=400×0.07$　より，
　　　　　　　　　Aにとけている食塩　　　　Bにとけている食塩

$9x+4y=\boxed{④}$ …… ㋑

㋐，㋑ を連立方程式として解いて，$x=240$，$y=160$

これらは問題に適している。　　　**答** Ａ：240 g，Ｂ：160 g

ポイント

割合の問題

・(昨年の男子)＋(昨年の女子)
　　　　　　　　　　　＝550
・(今年の男子)－(今年の女子)
　　　　　　　　　　　＝72

割合の増減の表し方

・a % 増加→×$(1+0.01a)$

　　または $×\left(1+\dfrac{a}{100}\right)$

・a % 減少→×$(1-0.01a)$

　　または $×\left(1-\dfrac{a}{100}\right)$

・a 割引き→×$(1-0.1a)$

　　または $×\left(1-\dfrac{a}{10}\right)$

食塩水の問題

濃度 a % の食塩水にふくまれ
ている食塩の重さは，

(食塩水の重さ)×$0.01a$
または，

(食塩水の重さ)×$\dfrac{a}{100}$

	9 %	4 %	7 %
食塩水 (g)	x	y	400
食塩 (g)	$0.09x$	$0.04y$	$400×0.07$

トライ

解答 ➡ 別冊 p.6

1 ある高校の昨年度の受験者数は 1530 人であった。今年度は，昨年度の受験者数に比べて，
男子が 10 % 減少し，女子が 20 % 増加し，全体では 42 人増加した。今年度の男子，女子そ
れぞれの受験者数を求めなさい。

> 昨年の人数を x，
> y としよう。求
> めるのは今年度の
> 人数なので注意！

チェックの解答 ① $1.2x$ ② $0.9y$ ③ 400 ④ 2800

2 ある家庭では，昨年 1 月の 1 日あたりの電気代と水道代の合計金額は 530 円だった。その後，家族で節電・節水を心がけたため，今年 1 月の 1 日あたりの金額は，昨年 1 月と比較して電気代は 15 %，水道代は 10 % 減り，1 日あたりの合計金額は 460 円となった。昨年 1 月の 1 日あたりの電気代と水道代をそれぞれ求めなさい。

3 容器 A には 10 % の食塩水が，容器 B には 20 % の食塩水が，それぞれ入っている。A と B からそれぞれ食塩水を取り出し，水 30 g と混ぜたところ，13 % の食塩水が 100 g できた。A，B から取り出した食塩水の重さをそれぞれ求めなさい。

🌀 チャレンジ ‥‥‥‥‥‥‥‥‥‥‥‥‥‥‥‥‥‥‥‥‥‥‥‥‥‥‥‥‥‥‥‥‥‥‥‥‥ 解答 ➡ 別冊 p.6

ある中学校で男子生徒の数と女子生徒の数について調べたところ，昨年度は，男子生徒が女子生徒より 7 人多かった。今年度は，昨年度と比べ男子生徒が 6 人減り，女子生徒が 8 人増え，今年度の全校生徒の数に対する女子生徒の数の割合は 52 % であった。このとき，今年度の男子生徒の数と女子生徒の数をそれぞれ求めなさい。

⑨ 連立方程式の利用③

チェック

空欄をうめて，要点のまとめを完成させましょう。

【自然数についての問題】

問　2けたの自然数がある。その数は，一の位の数の4倍と十の位の数の和と等しい。また，一の位の数と十の位の数を入れかえてできる2けたの数は，もとの数より36大きくなる。このとき，もとの自然数を求めなさい。

解答　十の位の数を x，一の位の数を y とする。

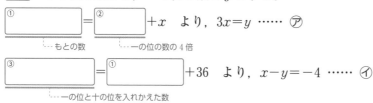

□① ＝ □② ＋x　より，$3x = y$ ……㋐
　　└─もとの数　　└─一の位の数の4倍

□③ ＝ □① ＋36　より，$x - y = -4$ ……㋑
　└─一の位と十の位を入れかえた数

㋐，㋑を連立方程式として解いて，$x = 2$，$y = 6$

これらは問題に適している。　　　　　　**答** 26

【鉄橋を渡る列車の問題】

問　長さ180mの列車が鉄橋を渡り始めてから渡り終わるまでに30秒かかった。また，鉄橋の3倍の長さのトンネルに入り始めてから通過し終わるまでに72秒かかった。この列車は時速何kmか求めなさい。

解答　列車の速さを秒速 x m，鉄橋の長さを y m とする。

鉄橋を渡るときの道のりについて，$30x = $ □④ ……㋐
　　　　　　　　　　　　　　　（鉄橋の長さ）＋（列車の長さ）

トンネルを通過するときの道のりについて，

$72x = $ □⑤　　より，$24x = y + 60$ ……㋑
　　└─（鉄橋の長さ）×3＋（列車の長さ）

㋐，㋑を連立方程式として解いて，$x = 20$，$y = 420$

これらは問題に適している。列車の時速は，

$\dfrac{20 \times 60 \times 60}{1000} = $ □⑥ （km）　　**答** 時速 □⑥ km

---

ポイント

自然数についての問題

・2けたの自然数…$10x + y$
・3けたの自然数
　　…$100x + 10y + z$
などの表し方がある。

鉄橋を渡る列車の問題

・時速 y km とすると単位をそろえるのが面倒になる。
・鉄橋を渡り始めてから渡り終わるまでに進む道のりは，
（鉄橋の長さ）＋（列車の長さ）

解の確認

・左の問題では，鉄橋の長さは問われていない。
・求める列車の速さが時速であることに注意する。

チェックの解答 ① $10x + y$　② $4y$　③ $10y + x$　④ $y + 180$　⑤ $3y + 180$　⑥ 72

解答 ➡ 別冊 p.6

1 2けたの正の整数がある。この整数の一の位の数を2倍し，十の位の数を加えると16になり，一の位の数と十の位の数を入れかえた整数は，もとの整数より45大きくなるという。もとの整数を求めなさい。

2 ある列車が，一定の速さで長さ2500mのトンネルを通過するのに，トンネルに完全にかくれていた時間は120秒だった。また，この列車が同じ速さで長さ700mの鉄橋を渡り始めてから渡り終わるまでに40秒かかった。この列車の秒速と長さを求めなさい。

120秒で進んだ道のりは，トンネルの長さより短いね。

チャレンジ

解答 ➡ 別冊 p.6

約分すると $\dfrac{2}{3}$ になる分数 $\dfrac{x}{y}$ について，次の問いに答えなさい。

(1) 比例式 $x:y=$ ☐☐☐ の ☐☐☐☐ にあてはまる比を答えなさい。

(2) 分子から3を，分母から22をひいて約分すると $\dfrac{3}{2}$ になるとき，分数 $\dfrac{x}{y}$ を求めなさい。

1 次の連立方程式を解きなさい。

(1) $\begin{cases} 2x+3y=2 \\ y=6x+9 \end{cases}$

(2) $\begin{cases} 3(x-1)+4(y+5)=2 \\ 5(x-1)-2(y+5)=12 \end{cases}$

(3) $\begin{cases} \dfrac{x+4}{3}=\dfrac{y+1}{2} \\ 5x-2y=-7 \end{cases}$

(4) $\begin{cases} x+\dfrac{y}{6}=-\dfrac{2}{3} \\ x-3(x-y)=18 \end{cases}$

(5) $\begin{cases} 0.03x-0.04y=0.25 \\ x+0.6y=0.6 \end{cases}$

(6) $\begin{cases} \dfrac{2x-y}{4}=\dfrac{4+x}{3} \\ 0.3x=1.1-0.2y \end{cases}$

2 方程式 $3x+5y=2x+y=1$ を解きなさい。

3 x, y についての連立方程式 $\begin{cases} 2ax-by=5 \\ ax-4by=-1 \end{cases}$ の解が $x=3$, $y=-1$ のとき, a, b の値を求めなさい。

4 池のまわりに1周5.6kmの遊歩道があり，AさんとBさんが同じ地点から同時に反対向きに出発した。Aさんは分速80mで歩き，Bさんは自転車に乗って分速200mで走っていたが，自転車が途中で故障し，Bさんはそこから分速60mで歩いて移動した。Aさんがちょうど2000m歩いたところでBさんと出会ったとき，Bさんが歩いた道のりを求めなさい。

5 2種類の品物A，Bがある。A6個とB4個を定価で買うと，代金の合計は3940円である。Aが定価の3割引，Bが定価の2割引であるときに，A8個とB5個を買うと，代金の合計は3760円である。A，Bの定価をそれぞれ求めなさい。

6 7％の食塩水と4％の食塩水をよく混ぜて，水分を30g蒸発させたところ，6％の食塩水150gが残った。はじめに混ぜた7％の食塩水と4％の食塩水の重さをそれぞれ求めなさい。

7 3けたの自然数がある。十の位の数と一の位の数は等しく，各位の数の和は17である。また，百の位の数と一の位の数を入れかえてできる数は，もとの数より198小さくなる。もとの自然数を求めなさい。

10 1次関数とグラフ①

チャート式参考書 >>
第3章 6

✏️ チェック

空欄をうめて，要点のまとめを完成させましょう。

ポイント

【1次関数の例】

1Lの水が入っている水そうに，水道から毎分2Lの水を入れる。
入れ始めてからx分後の水そうの水の量をyLとすると，

$y=$ ①[   ] と表すことができるので，

「yはxの ②[   ] である。」といえる。

1次関数

yがxの関数で，yがxの1次式

$\quad y=ax+b$（a，bは定数）

で表されるとき，yはxの1次関数であるという。比例は，1次関数 $y=ax+b$ の $b=0$ の場合である。

【変化の割合】

1次関数 $y=3x-5$ について，xの値が1から5まで増加するときを考える。このとき，xの増加量は $5-1=$ ③[   ]，

yの増加量は $\underbrace{(3\times5-5)}_{x=5\text{を代入}}-\underbrace{(3\times1-5)}_{x=1\text{を代入}}=$ ④[   ]

変化の割合は $\dfrac{④[\quad]}{③[\quad]}=$ ⑤[   ]

変化の割合

・変化の割合 $=\dfrac{y\text{の増加量}}{x\text{の増加量}}$

・1次関数 $y=ax+b$ の変化の割合は a で一定である。

【比例のグラフと1次関数のグラフ】

(1) $y=x$ のグラフをy軸の正の方向に2平行移動すると

傾きは変えずに移動する

$\quad y=$ ⑥[   ] のグラフになる。

(2) $y=x$ のグラフをy軸の負の方向に3平行移動すると

$\quad y=$ ⑦[   ] のグラフになる。

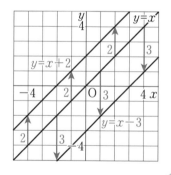

🖊️ トライ

解答 ➡ 別冊 p.7

1 次のア〜オからyがxの1次関数であるものをすべて選びなさい。

ア 底辺の長さが$x$cm，高さが4cmである平行四辺形の面積が$y$cm²

イ 周の長さが20cmである長方形の縦の長さ$x$cm，横の長さ$y$cm

ウ 面積が20cm²である長方形の縦の長さ$x$cm，横の長さ$y$cm

エ 10kmの道のりを時速$x$kmで歩いたとき，かかった時間y時間

オ 10kmの道のりを時速4kmでx時間歩いたとき，残りの道のり$y$km

チェックの解答 ① $2x+1$ ② 1次関数 ③ 4 ④ 12 ⑤ 3 ⑥ $x+2$ ⑦ $x-3$

2 1次関数 $y = -9x + 1$ について，x の値が $\dfrac{1}{9}$ から $\dfrac{2}{3}$ まで増加するとき，次のものを求めなさい。

(1) x の増加量 　　　　　　(2) y の増加量 　　　　　　(3) 変化の割合

3 次の1次関数について，x の値が -2 から 6 まで増加するときの y の増加量と変化の割合を求めなさい。

(1) $y = 5x - 1$ 　　　　　　　　　　(2) $y = -\dfrac{3}{4}x + 2$

4 右の $y = -\dfrac{2}{3}x$ のグラフを利用して，次のグラフをかきなさい。

(1) $y = -\dfrac{2}{3}x + 1$

(2) $y = -\dfrac{2}{3}x - 4$

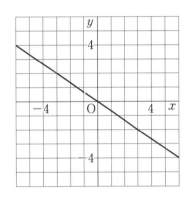

解答 ➡ 別冊 p.8

チャレンジ

1次関数 $y = 2ax + 1$ は x の値が 3 増加するごとに y の値が 5 増加するという。a の値を求めなさい。

x の増加量が 3 のときの y の増加量が 5 ということだから…。

⑪ 1次関数とグラフ②

✎ チェック

空欄をうめて，要点のまとめを完成させましょう。

【直線の傾きと切片】

直線 $y=2x+1$ の傾きは ①［　　　］，

切片は ②［　　　］である。

この直線では，右に1進むとき

上へ ③［　　　］進み，右に3進む

とき上へ ④［　　　］進む。

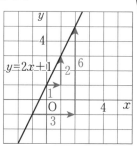

【1次関数のグラフのかき方】

直線 $y=7x-3$ は，点 $(0, ⑤［　　　］)$ と，点 $(1, ⑥［　　　］)$ を通る。

計算しやすい2点の座標を求めて直線で結ぶ

【1次関数のグラフと変域】

x の変域が $-4 \leqq x \leqq 2$ であるとき，1次

関数 $y=-\dfrac{1}{2}x+3$ のグラフは右の図のよ

うになる。このとき，y の変域は

⑦［　　　］である。

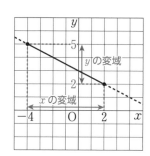

✎ トライ

解答 ➡ 別冊 p.8

1 次の1次関数のグラフの傾きと切片を答えなさい。

(1) $y=3x-5$　　　　(2) $y=-\dfrac{1}{2}x+\dfrac{3}{4}$　　　　(3) $y=x$

チェックの解答 ①2　②1　③2　④6　⑤−3　⑥4　⑦ $2 \leqq y \leqq 5$

2 次の 1 次関数のグラフをかきなさい。

(1) $y = 2x - 4$

(2) $y = -x + 3$

(3) $y = \dfrac{4}{3}x + 2$

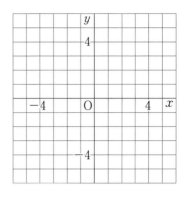

3 次の 1 次関数のグラフを（　）の中に示された x の変域で
かきなさい。また，そのときの y の変域を求めなさい。

(1) $y = x - 3 \ (-1 \leqq x \leqq 5)$

(2) $y = -\dfrac{1}{2}x + 2 \ (x \geqq -4)$

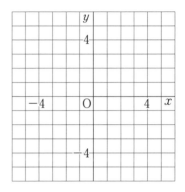

4 次の 1 次関数の y の変域を求めなさい。

(1) $y = 3x - 6 \ \left(-\dfrac{2}{3} \leqq x \leqq 4\right)$

(2) $y = -\dfrac{3}{4}x + 2 \ (-8 \leqq x \leqq 8)$

グラフが右上がり
かな？右下がりか
な？

チャレンジ ·· 解答 ➡ 別冊 p.8

1 次関数 $y = 3x - 2$ について，x の変域が $a \leqq x \leqq b$ のとき，y の変域は $-5 \leqq y \leqq 4$ である。
このとき，a，b の値を求めなさい。

12 1次関数の式の求め方

チェック

空欄をうめて，要点のまとめを完成させましょう。

【グラフから1次関数の式を求める】

右の図の直線は，点 $(0, 4)$ を通っているので，

切片は ①〔　　　〕

また，右へ1進むと下へ3進むから，

傾きは ②〔　　　〕

よって，1次関数の式は，$y=$ ③〔　　　〕

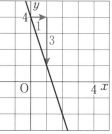

【変化の割合と1組の x, y の値から式を求める】

問 グラフの傾きが -2 で点 $(3, -1)$ を通る1次関数の式を求めなさい。

解答 式は $y=-2x+b$ と表せる。

④〔　　　〕$=-2×$ ⑤〔　　　〕$+b$ より，$b=5$

······ $(3, -1)$ を代入 ······

よって，式は，$y=$ ⑥〔　　　〕 …**答**

【直線が通る2点から式を求める】

問 2点 $(3, 2)$, $(5, 6)$ を通る1次関数の式を求めなさい。

解答 [1] 傾きを求める方法

直線の傾きは，$\dfrac{6-2}{5-3}=\dfrac{4}{2}=$ ⑦〔　　　〕

よって，式は $y=$ ⑦〔　　　〕$x+b$ と表せる。

これに1組の x, y の値を代入すると $b=-4$ が求まるので，

式は，$y=$ ⑧〔　　　〕 …**答**

解答 [2] 連立方程式を解く方法

式を $y=ax+b$ とおいて，2組の x, y の値を代入する。

$x=3$, $y=2$ を代入すると，$2=$ ⑨〔　　　〕

$x=5$, $y=6$ を代入すると，$6=$ ⑩〔　　　〕

この2式を連立方程式として解くと，$a=2$, $b=-4$ より，

式は，$y=$ ⑧〔　　　〕 …**答**

ポイント

グラフから求める

❶ y 軸との交点の y 座標を読みとって切片を求める。

❷ 右に 1，2，… と進んだときに上（または下）にどれだけ進むかを読みとって傾きを求める。

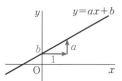

傾きと1点から求める

❶ 変化の割合や傾きを使って $y=\Box x+b$ とおく。

❷ 式に1組の x, y の値を代入して b を求める。

2点から求める

方法 [1]

❶ 2点の座標から直線の傾きを求める。

$$傾き=\dfrac{y の増加量}{x の増加量}$$

❷ $y=\Box x+b$ の式に1組の x, y の値を代入して b を求める。

方法 [2]

❶ 式を $y=ax+b$ とおいて，2組の x, y の値を代入する。

❷ 連立方程式を解いて，a, b の値を求める。

解答 ➡ 別冊 p.9

1 グラフが右の図の(1)～(3)になる 1 次関数の式をそれぞれ求めなさい。

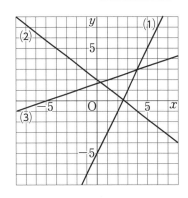

2 次のような 1 次関数や直線の式を求めなさい。

(1) 変化の割合が 4 で, $x=-2$ のとき $y=-9$ である。

(2) x の値が 2 増加すると y の値は 6 減少し, $x=0$ のとき $y=5$ である。

(3) 点 $(-3,\ 2)$ を通り, 直線 $y=\dfrac{2}{3}x-2$ に平行である。

(4) 2 点 $(-3,\ 0)$, $(6,\ -9)$ を通る。

3 表の y は x の 1 次関数である。このとき, ☐ にあてはまる数を求めなさい。

x	…	-3	…	2	…	☐	…
y	…	-4	…	11	…	32	…

解答 ➡ 別冊 p.9

チャレンジ

3 点 $(1,\ 3)$, $(-2,\ -3)$, $(4,\ a)$ が一直線上にあるときの a の値を求めなさい。

2 点を選んで
傾きを調べるよ。

13 1次関数と方程式①

チェック

空欄をうめて，要点のまとめを完成させましょう。

【2元1次方程式のグラフのかき方】

問 方程式 $2x-y=4$ のグラフをかきなさい。

解答 [1] 式を変形して，$y=\boxed{①}-4$

グラフは傾き 2，切片 -4 の直線になる。

解答 [2] 方程式 $2x-y=4$ において，

$x=0$ のとき，$y=\boxed{②}$

$y=0$ のとき，$x=\boxed{③}$

よって，2点 $(0, \boxed{②})$，

$(\boxed{③}, 0)$ を通る直線になる。

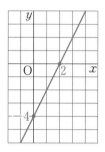

【連立方程式の解とグラフ】

連立方程式 $\begin{cases} x+y=3 & \cdots\cdots ⑦ \\ 2x+y=5 & \cdots\cdots ⑦ \end{cases}$ のグラフは右

の図のようになる。

2直線の交点は $(\boxed{④}, \boxed{⑤})$ なので，連

立方程式の解は

$x=\boxed{④}$，$y=\boxed{⑤}$ となる。

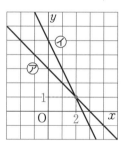

【2直線の交点の座標】

右の図のように，2直線が交わっている。

連立方程式 $\begin{cases} y=3x+1 \\ y=-\dfrac{1}{2}x-3 \end{cases}$ を解くと，

$x=-\dfrac{8}{7}$，$y=-\dfrac{17}{7}$

よって，2直線の交点の座標は

$\left(\boxed{⑥}, \boxed{⑦}\right)$

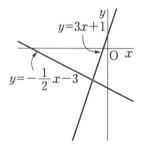

ポイント

2元1次方程式のグラフ

2通りのかき方がある。

方法 [1]

❶方程式を $y=ax+b$ の形に変形する。

❷傾きと切片からグラフをかく。

方法 [2]

❶方程式の解である2組の x，y の値を求める。

❷2点を直線で結ぶ。

軸に平行な直線

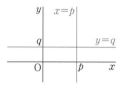

連立方程式の解とグラフ

x，y についての連立方程式の解は，グラフの交点の x 座標，y 座標の組で表される。

2直線の交点の座標

❶それぞれの直線の式を求める。

❷連立方程式を解いて交点の座標を求める。

チェックの解答 ①$2x$　②-4　③$2$　④$2$　⑤$1$　⑥$-\dfrac{8}{7}$　⑦$-\dfrac{17}{7}$

解答 ➡ 別冊 p.9

1 次の問いに答えなさい。

(1) 次の方程式のグラフをかきなさい。

① $3x+4y=12$　　　　② $6x+12=0$

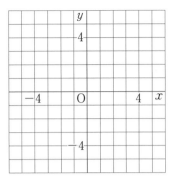

(2) 連立方程式 $\begin{cases} 3x+4y=12 \\ x-2y=4 \end{cases}$ の解を，グラフを利用して求めなさい。

2 次の2直線の交点の座標を求めなさい。

(1) $y=x+5$，$y=-2x-1$

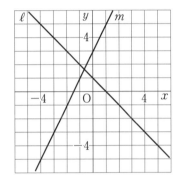

(2) 右の図の2直線 ℓ，m

3 2直線 $y=ax-1$，$y=x+a$ の交点の座標が $(3, b)$ であるとき，a，b の値を求めなさい。

解答 ➡ 別冊 p.10

チャレンジ

2直線 $y=-\dfrac{3}{2}x+6$ …… ①，$y=-ax+8$ …… ② について，直線 ① と x 軸との交点を直線 ② が通るとき，a の値を求めなさい。

x 軸は，直線 $y=0$ ともいえるね。

14 1次関数と方程式②

✎ チェック

空欄をうめて，要点のまとめを完成させましょう。

【変域から1次関数の式を求める】

問 1次関数 $y=-2x+p$ において，x の変域が $-1\leqq x\leqq 3$ のとき，y の変域が $-5\leqq y\leqq 3$ となるように，定数 p の値を定めなさい。

解答 グラフは①[＿＿＿＿＿] の直線なので，

$x=-1$ のとき $y=$②[＿＿]，

$x=3$ のとき $y=$③[＿＿] である。

$x=-1$，$y=$②[＿＿] を $y=-2x+p$ に代入して，

②[＿＿] $=-2\times(-1)+p$

よって，$p=1$ …**答**

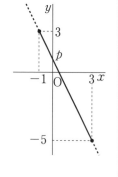

> **ポイント**
>
> **変域の問題**
>
> 左の問ではグラフが右下がりなので，$x=-1$ のときの y の値は -5 ではなく 3 になることに注意する。大まかな図をかいて，グラフが右上がりか右下がりかを確認するとよい。

【1点を共有する3直線】

問 2直線 $3x-y=9$，$7x+2y=8$ の交点を直線 $y=ax-4$ が通るとき，定数 a の値を求めなさい。

解答 連立方程式 $\begin{cases} 3x-y=9 \\ 7x+2y=8 \end{cases}$ を解いて，$x=2$，$y=-3$

よって，この2直線の交点の座標は (④[＿＿] , ⑤[＿＿])

$y=ax-4$ もこの点を通るので，

$-3=a\times 2-4$　　$a=$⑥[＿＿] …**答**

> **1点を共有する3直線**
>
> ❶ 2直線の交点を連立方程式を使って求める。
>
> ❷ その点を残りの直線も通ると考える。

✎ トライ

解答 ➡ 別冊 p.10

1 1次関数 $y=ax+b\ (a<0)$ において，x の変域が $-2\leqq x\leqq 3$ のとき，y の変域が $-3\leqq y\leqq 7$ となるように，定数 a，b の値を定めなさい。

チェックの解答 ① 右下がり ② 3 ③ -5 ④ 2 ⑤ -3 ⑥ $\dfrac{1}{2}$

2 2直線 $y=2x+1$ と $y=ax-2$ の交点Pが直線 $y=3x$ 上にあるとき，次の問いに答えなさい。

(1) Pの座標を求めなさい。　　　　　　(2) a の値を求めなさい。

(1) Pは
$y=2x+1$ と
$y=3x$ の交点
ともいえるね。

3 2直線 $y=\dfrac{2}{3}x+2$ と $y=-3x-a$ が y 軸上（じくじょう）で交わるとき，a の値を求めなさい。

4 右の図において，次の問いに答えなさい。

(1) 直線 ℓ，m の式をそれぞれ求めなさい。

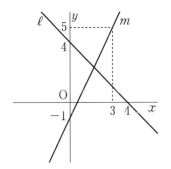

(2) 直線 ℓ，m の交点を通り，直線 $y=3x-2$ に平行な直線の式
を求めなさい。

解答 ➡ 別冊 p.10

🌀 **チャレンジ** ･･

3直線 $3x+4y=2$，$x-2y=4$，$2x+y=a$ が1点で交わるとき，a の値を求めなさい。

⓯ 1次関数の利用

✏️ チェック

空欄をうめて，要点のまとめを完成させましょう。

【おもりの重さとばねの長さ】

あるつるまきばねにおもりをつるしたときの，おもりの重さ x g とばねの長さ y cm の関係は右の図のようになった。

このとき，$y=$ ⓵ ┌──────┐ と表され，おもりの重さが 20 g の

ときのばねの長さは $\frac{1}{5}×20+15=$ ⓶ ┌────┐ (g) になる。

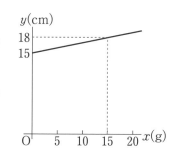

【時間と道のり】

右の図は，兄と弟が家から 2700 m 離れた図書館に向かう様子を表したグラフである。弟は兄が徒歩で家を出発した 12 分後に自転車で出発した。弟が図書館に着いたとき，兄は家から

⓷ ┌──────┐ m の地点にいる。また，兄が出発してから x 分後に

弟が家から y m の地点にいるとき，$y=$ ⓸ ┌──────────┐

($12≦x≦27$) と表される。

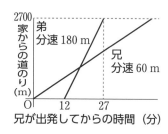

【図形の辺上を動く点】

右の図で，点Pは長方形 ABCD の辺上を秒速 1 cm で B→C→D→A の順に動く。点PがBを出発して x 秒後の △ABP の面積を y cm² とすると，$14≦x≦22$ のとき，

$AP=(⑤\boxed{}-x)$ cm より，

$y=\frac{1}{2}×6×(22-x)=$ ⑥ ┌──────┐ と表される。

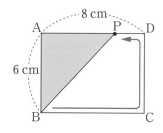

✏️ トライ

解答 ➡ 別冊 p.10

1 地上から 11 km の高さまでは，1 km 高くなると気温は 6 ℃ 下がる。地上からの高さが 2 km の地点の気温が 8 ℃ であったとき，次の問いに答えなさい。

(1) 地上からの高さが x km の地点の気温を y ℃ とするとき，y を x の式で表しなさい。ただし，$0≦x≦11$ とする。

(2) 地上からの高さが 5 km の地点の気温を求めなさい。

チェックの解答 ① $\frac{1}{5}x+15$ ② 19 ③ 1620 ④ $180x-2160$ ⑤ 22 ⑥ $-3x+66$

2 右のグラフは，ある旅客機がＡ空港を離陸してからの時間 x 分と，旅客機の海面からの高さ y m の関係を表したものである。この旅客機は，海面からの高さが 400 m であるＡ空港を離陸後，毎分 500 m の割合で上昇し，離陸してから 13 分後に水平飛行に移った。水平飛行を 34 分間続けた後，一定の割合で下降し，離陸してから 70 分後に，海面からの高さが 0 m であるＢ空港に着陸した。

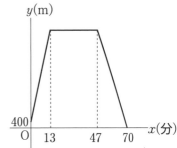

(1) 水平飛行をしている間の旅客機の海面からの高さを求めなさい。

(2) 旅客機が水平飛行を終えてからＢ空港に着陸するまでに，毎分何 m の割合で下降したか求めなさい。

23 分間で何 m
下降したのかな。

(3) 旅客機の海面からの高さが 3900 m になるのは離陸してから何分後と何分後か求めなさい。

チャレンジ ·· 解答 ➡ 別冊 p.10

図のように，1 辺が 6 cm の正方形 ABCD と，辺 CD の中点Ｍがある。点Ｐは秒速 2 cm で，正方形の辺上を A→B→C の順に動く。また，点ＰがＡを出発して x 秒後の △AMP の面積を y cm² とする。点Ｐが辺 BC 上を動くとき，y を x の式で表しなさい。

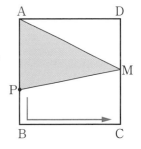

37

1 1次関数 $y=\dfrac{3}{4}x-5$ について次の問いに答えなさい。

(1) 変化の割合を答えなさい。

(2) x の値が -4 から 8 まで増加するときの y の増加量を求めなさい。

2 次の1次関数や方程式のグラフをかきなさい。
(1) $y=-2x-3$
(2) $5y=15$
(3) $3x-4y+8=0$ $(0\leqq x\leqq 4)$

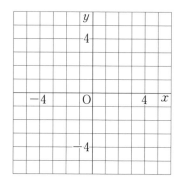

3 右の図において，次の問いに答えなさい。
(1) 直線 ℓ, m の式をそれぞれ求めなさい。

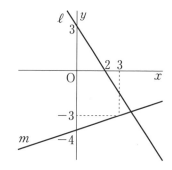

(2) 直線 ℓ, m の交点の座標を求めなさい。

4 右の図のように，$y=\dfrac{a}{x}$ のグラフと $y=-2x+b$ のグラフが2点 A，B で交わっている。点Aの x 座標が -3，点Bの x 座標が 2 であるとき，a, b の値を求めなさい。

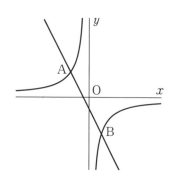

5 Aさんの家から書店までの道のりは 1500 m で，途中にコンビニがある。ある日Aさんは家を出て，分速 70 m で 15 分歩いてコンビニに着いた。コンビニで買い物をした後，再び歩き始め，家を出てから 28 分後に書店に着いた。右のグラフは，Aさんが家を出てから x 分後の家との道のりを y m としたときの，x と y の関係を表したものである。

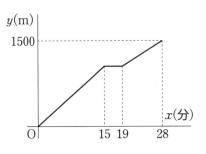

(1) Aさんの家からコンビニまでの道のりを求めなさい。

(2) Aさんがコンビニを出てから書店に着くまでの x と y の関係を表す式を求めなさい。

6 長さ 60 m の列車が一定の速さで走っている。80 m のトンネルに，入り始めてから完全に出るまでに 7 秒かかった。列車がこのトンネルに，入り始めてから x 秒後のトンネル内にある列車の部分の長さを y m とする。$0 \leqq x \leqq 7$ のとき，x，y の関係をグラフに表しなさい。

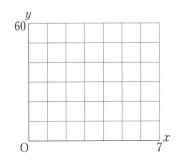

7 右の図のような直方体 ABCD-EFGH がある。点Pは秒速 1 cm で直方体の辺上を B→F→G→C の順に動く。PがBを出発してから x 秒後の三角錐 P-ABC の体積を y cm³ とする。Pが辺 GC 上を動くとき，x の変域を求め，y を x の式で表しなさい。

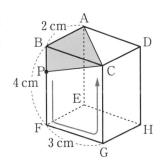

16 平行線と角

チェック

空欄をうめて，要点のまとめを完成させましょう。

【対頂角】

右の図のように 3 直線が交わるとき，

対頂角は等しいので，∠x=①〔　　　〕，

直線のつくる角は 180° なので，

∠y=180°−(110°+40°)=②〔　　　〕

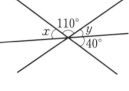

【同位角，錯角】

右の図で ℓ∥m のとき，

同位角は等しいから，∠x=③〔　　　〕

錯角は等しいから，∠y=④〔　　　〕

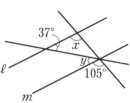

【平行線になる条件】

右の図のように直線が交わっているとき，

∠x=180°−86°=⑤〔　　　〕である。

同位角が等しいことから，ℓ∥⑥〔　　　〕である。

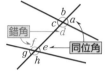

ポイント

対頂角

対頂角は等しいので，上の図で ∠a=∠c，∠b=∠d

同位角，錯角

2 つの直線が平行ならば，同位角，錯角は等しい。

平行線になる条件

同位角，錯角が等しいならば，2 つの直線は平行。

【2 組の平行線と角】

右の図で k∥m，ℓ∥n のとき，k∥m より，∠x=⑦〔　　　〕
‥‥錯角

ℓ∥n より，∠y=★=180°−∠x=⑧〔　　　〕
‥‥同位角

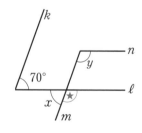

トライ

解答 ⇒ 別冊 p.11

1 右の図のように 3 直線が交わるとき，∠a，∠b，∠c の大きさをそれぞれ求めなさい。

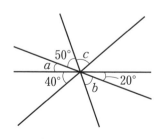

チェックの解答 ① 40° ② 30° ③ 105° ④ 37° ⑤ 94° ⑥ n ⑦ 70° ⑧ 110°

2 次の図で，$\ell /\!/ m$ のとき，$\angle x$, $\angle y$ の大きさを求めなさい。

(1)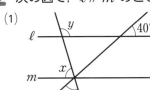

(2)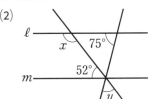

3 右の図において，平行な直線の組をすべて答えなさい。

同位角や錯角に
注目しよう。

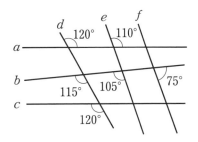

4 次の図で $k /\!/ m$, $\ell /\!/ n$ のとき，$\angle x$, $\angle y$ の大きさを求めなさい。

(1)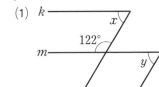

(2)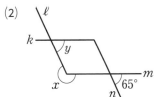

チャレンジ ⋯⋯⋯⋯⋯⋯⋯⋯⋯⋯⋯ （解答 ➡ 別冊 p.12）

右の図のように直線が交わっている。$\angle b$ は $\angle a$ の 5 倍，$\angle c$ は $\angle a$ の 5 倍の大きさのとき，$\angle a$, $\angle b$, $\angle c$ の大きさをそれぞれ求めなさい。

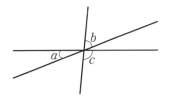

17 三角形の角①

チェック

空欄をうめて，要点のまとめを完成させましょう。

【三角形の内角・外角】

問　$\angle x$，$\angle y$ の大きさを求めなさい。

(1)
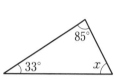

(2)
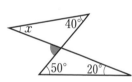

(1)　$\underline{\angle x + 85° + 33° = 180°}$ より，$\angle x =$ ①□
　　　└---- 三角形の内角の和

(2)　$\underline{\angle y + 45° = 95°}$ より，$\angle y =$ ②□
　　　└---- 三角形の外角の性質

【三角形の外角の利用】

問　$\angle x$，$\angle y$ の大きさを求めなさい。

(1)

(2)
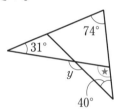

(1)　外角について，$\angle x + 40° = 50° + 20°$ より，$\angle x =$ ③□

(2)　★ $= 74° + 31° =$ ④□　であり，$\angle y = 40° + ★ =$ ⑤□

【鋭角・直角・鈍角三角形】

問　次の三角形の名前を答えなさい。

⑥□ 三角形

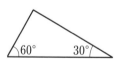
⑦□ 三角形

ポイント

三角形の角の性質
・三角形の内角の和は $180°$
・三角形の 1 つの外角は，それととなり合わない 2 つの内角の和に等しい。

三角形の外角の利用
2 つの内角の大きさがわかっている三角形に注目する。

角の種類
$0°$ より大きく $90°$ より小さい角を鋭角，$90°$ より大きく $180°$ より小さい角を鈍角という。

三角形の種類
・鋭角三角形… 3 つの内角がすべて鋭角である三角形。
・直角三角形… 1 つの内角が直角である三角形。
・鈍角三角形… 1 つの内角が鈍角である三角形。

解答 ➡ 別冊 p.12

💬 トライ

1 次の図で, ∠x の大きさを求めなさい。

(1)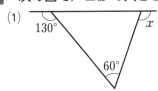

(2)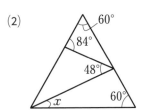

2 次の図で, ∠x, ∠y の大きさを求めなさい。

(1)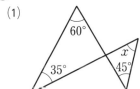

(2)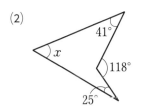

3 次の図で, ∠x の大きさを求めなさい。

(1)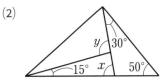

(2)

補助線をひいてみよう。

4 2つの内角の大きさが次のような三角形は, 鋭角三角形, 直角三角形, 鈍角三角形のどれであるか答えなさい。

(1) 51°, 46°　　(2) 62°, 28°　　(3) 55°, 15°　　(4) 35°, 60°

💬 チャレンジ

解答 ➡ 別冊 p.12

∠A, ∠B, ∠C の大きさの比が 1：4：7 である △ABC について, 次の問いに答えなさい。

(1) ∠A の大きさを求めなさい。

(2) △ABC は, 鋭角三角形, 直角三角形, 鈍角三角形のどれか, 答えなさい。

18 三角形の角②

チェック

空欄をうめて，要点のまとめを完成させましょう。

【平行線と折れ線と角】

問 右の図で $\ell /\!/ m$ のとき，$\angle x$ の大きさを求めなさい。

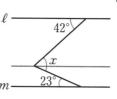

解答 ℓ，m に平行な直線をひくと，錯角の性質から，$\angle x = 42° + 23° =$ ①⬚

【多角形の内角・外角】

(1) 二十角形の内角の和は，$180° \times ($ ②⬚ $-2) =$ ③⬚

(2) 二十角形の外角の和は ④⬚

【いろいろな多角形と角】

問 右の図の $\angle x$ の大きさを求めなさい。

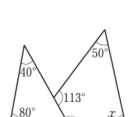

解答 三角形の外角について，

★ $= 80° + 40° =$ ⑤⬚

四角形の内角の和は 360°なので，

　　$180° \times (4-2)$

$\angle x = 360° - (★ + 113° + 50°) =$ ⑥⬚

> **ポイント**
>
> **平行線と折れ線と角**
> 折れ線の頂点を通る平行線をひくと，同位角や錯角の性質が利用できる。
>
>
>
> **多角形の内角・外角の和**
> ・ n 角形の内角の和は
> 　$180° \times (n-2)$
> ・多角形の外角の和は 360°

> 三角形と四角形に分けて考えるんだね。

トライ

解答 ➡ 別冊 p.12

1 次の図で $\ell /\!/ m$ のとき，$\angle x$ の大きさを求めなさい。

(1)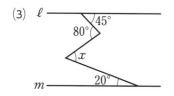

(2)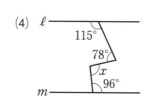

(3)

(4)

2 次のような正多角形は，正何角形であるか答えなさい。

(1) 1つの内角の大きさが 160° である正多角形

(2) 1つの内角の大きさが，その外角の大きさの 5 倍である正多角形

(3) 1つの内角の大きさが，その外角の大きさより 90° 大きい正多角形

3 次の図の ∠x の大きさを求めなさい。

(1)

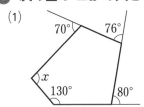

(2)

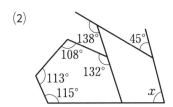

(3)

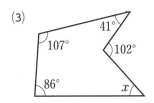

(4)

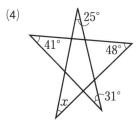

解答 ➡ 別冊 p.13

💬 チャレンジ

右の図で，ℓ∥m であり，∠y は ∠x の 9 倍，∠z は ∠x の
4 倍の大きさのとき，∠x の大きさを求めなさい。

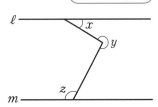

19 三角形の角③

✦ チェック

空欄をうめて，要点のまとめを完成させましょう。

【平行線と多角形と角】

問　右の図の三角形は正三角形である。
$\ell /\!/ m$ のとき，$\angle x$ の大きさを求めなさい。

解答　三角形の外角の性質から，

$$★ = 85° - \underbrace{60°}_{\text{正三角形の1つの内角}} = \boxed{}^{①},$$

$$★ + \angle x = 60° \text{ より，} \angle x = \boxed{}^{②}$$
$\underset{\text{同位角}}{} \quad \underset{\text{錯角}}{}$

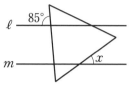
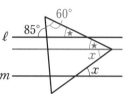

> **ポイント**
>
> **平行線と多角形と角**
> ・平行線をひいて，同位角や錯角の性質を利用する。
> ・多角形の内角や外角の性質を利用する。

【図形の折り返しと角】

問　右の図のように，正三角形の紙 ABC を，線分 DE を折り目として折り返すとき，$\angle x$ の大きさを求めなさい。

解答　折って重なる角は等しいので，
$\angle \text{ADE} = \angle x$

$$60° + \angle x = \underbrace{107°}_{\triangle\text{ADE の外角}} \text{ より，} \angle x = \boxed{}^{③}$$

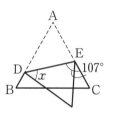
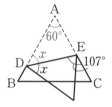

> **図形の折り返しと角**
> 折り目を軸として対称移動するので，折って重なる角は同じ大きさになる。

【三角形と角の二等分線】

問　右の図の △ABC において，$\angle \text{BDC}$ の大きさを求めなさい。

解答　まず，$\angle a + \angle b$ の大きさを求める。
△ABC において，

$$48° + \boxed{}^{④} \times \angle a + \boxed{}^{④} \times \angle b = 180°$$

$$24° + \angle a + \angle b = 90° \qquad \angle a + \angle b = \boxed{}^{⑤}$$

△DBC において，

$$\angle \text{BDC} + \angle a + \angle b = 180° \qquad \angle \text{BDC} = \boxed{}^{⑥}$$

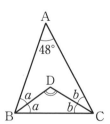

> **三角形と角の二等分線**
> ひとつひとつの角の大きさが分からないときは，角の和を考えるとよい。

　チェックの解答 ① 25°　② 35°　③ 47°　④ 2　⑤ 66°　⑥ 114°

解答 ➡ 別冊 p.13

1 $\ell /\!/ m$ のとき，$\angle x$ の大きさを求めなさい。

(1)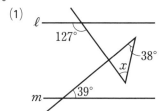

(2)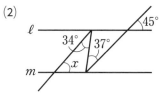

(3)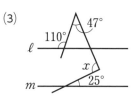

2 右の図の五角形 ABCDE は正五角形である。$\ell /\!/ m$ のとき，$\angle x$ の大きさを求めなさい。

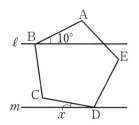

3 右の図のように，長方形の紙 ABCD を，$\angle EFC＝125°$ となる線分 EF を折り目として折り返す。点 C，D が移動した点をそれぞれ C′，D′ とし，線分 BF と線分 D′E の交点をGとするとき，$\angle BGD′$ の大きさを求めなさい。

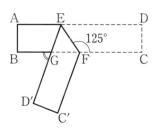

解答 ➡ 別冊 p.13

チャレンジ

右の図において，$\angle x$ の大きさを求めなさい。ただし，$\angle ACD＝\angle DCB$，$\angle ABD＝\angle DBE$ とする。

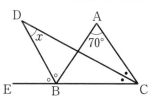

$\angle ACB＋\angle A$
$＝\angle ABE$ を利用
しよう。

47

20 三角形の合同

チェック

空欄をうめて，要点のまとめを完成させましょう。

【合同な図形】

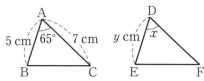

上の図で　△ABC≡△DEF であるとき，

∠x の大きさは ① [　　　]，　y の値は ② [　　　] である。
　　　　　　　　対応する角　　　　　　　　対応する辺

【三角形の合同条件】

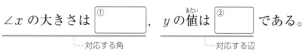

上の図の　△ABC と △EFD は，

AB= ③ [　　　]，　BC= ④ [　　　]，　AC= ⑤ [　　　] より，

3組の辺がそれぞれ等しいから，　△ABC≡△EFD

また，　△GHI と △KJL は，

GI= ⑥ [　　　]，　∠GIH=∠ ⑦ [　　　]，　∠HGI=∠ ⑧ [　　　] より，

1組の辺とその両端の角がそれぞれ等しいから，　△GHI≡△KJL

ポイント

合同な図形

平面上の2つの図形で，その一方を移動して，他方にぴったりと重ねることができるとき，2つの図形は合同であるという。合同な図形では，対応する線分の長さと角の大きさがそれぞれ等しい。2つの図形が合同であることを，記号≡を使って表す。このとき，対応する頂点を周にそって順に並べて書く。

三角形の合同条件

・ 3組の辺がそれぞれ等しい
・ 2組の辺とその間の角がそれぞれ等しい
・ 1組の辺とその両端の角がそれぞれ等しい

トライ

解答 ➡ 別冊 p.13

1 右の図で，四角形 ABCD≡四角形 EFGH であるとき，次の辺の長さと角の大きさを求めなさい。

(1) 辺 EF の長さ

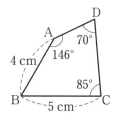
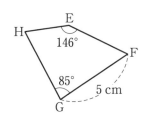

(2) ∠H の大きさ

(3) ∠F の大きさ

チェックの解答 ① 65° ② 5 ③ EF ④ FD ⑤ ED ⑥ KL ⑦ KLJ ⑧ JKL

2 次の図において，合同な三角形を見つけ出し，記号≡を使って表しなさい。また，そのとき使った合同条件を答えなさい。

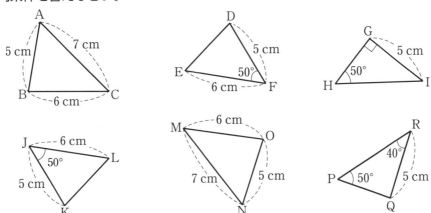

3 次の図において，合同な三角形を見つけ出し，記号≡を使って表しなさい。また，そのとき使った合同条件を答えなさい。ただし，それぞれの図で，同じ記号がついた三角形の辺や角は等しいものとする。

(1)

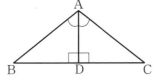

(2)

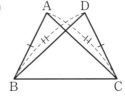

重なっている辺は同じ長さだよ！

(3)

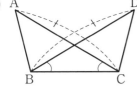

(4)

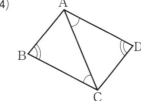

解答 ➡ 別冊 p.13

🖋 **チャレンジ**

△ABC と △DEF において，条件 BC＝EF，∠B＝∠E が与えられているとき，あと１つ何が等しいことがわかると △ABC≡△DEF となるか答えなさい。

21 証明

▶ **チェック**

空欄をうめて，要点のまとめを完成させましょう。

【仮定と結論】

ことがら「△ABC≡△DEF ならば CA=FD」の

仮定は ①

結論は ②

【線分の長さが等しいことの証明】

問 右の図で，「AB=CB，∠BAE=∠BCD
ならば AE=CD」を証明しなさい。

解答 △ABE と △CBD において

仮定より， AB= ③ …… ㋐

∠BAE= ④ …… ㋑

共通の角だから， ⑤ …… ㋒

㋐, ㋑, ㋒ より， ⑥ がそれぞれ等しい

から， △ABE≡△CBD

合同な図形では，対応する線分の長さは等しいので， AE=CD

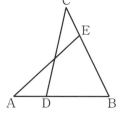

【角の大きさが等しいことの証明】

問 右の図で，「AB=CB，AD=CD ならば
∠A=∠C」を証明しなさい

解答 △ABD と △CBD において

仮定より， AB= ⑦ …… ㋐

AD= ⑧ …… ㋑

共通の辺だから， ⑨ …… ㋒

㋐, ㋑, ㋒ より， ⑩ がそれぞれ等しい

から， △ABD≡△CBD

合同な図形では，対応する線分の長さは等しいので， ∠A=∠C

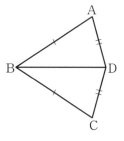

ポイント

仮定と結論
ことがらや性質
「〇〇〇ならば△△△」
について，〇〇〇の部分を仮定，△△△の部分を結論という。

証明
あることがらが正しいことを示すために，正しいことがすでに認められたことがらを根拠にして，すじ道をたてて説明することを証明という。証明では，仮定から結論を導く。

等しい線分や角の証明
示したいものをふくむ図形の合同を考える。合同であることが示せれば，対応する線分や角が等しいという結論が導ける。

三角形の合同条件
・3組の辺がそれぞれ等しい
・2組の辺とその間の角がそれぞれ等しい
・1組の辺とその両端の角がそれぞれ等しい

チェックの解答 ① △ABC≡△DEF ② CA=FD ③ CB ④ ∠BCD ⑤ ∠ABE=∠CBD
⑥ 1組の辺とその両端の角 ⑦ CB ⑧ CD ⑨ BD=BD ⑩ 3組の辺

解答 ➡ 別冊 p.14

1 右の図のように，2つの線分 AB，CD が線分 AB の中点 O で
交わっている。このとき，

$$\text{AC} /\!/ \text{DB ならば AC} = \text{BD}$$

であることを証明したい。次の問いに答えなさい。

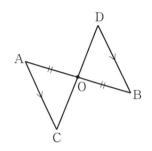

(1) このことを証明するのに，どの三角形とどの三角形の合同を示
せばよいか答えなさい。

(2) このことを証明しなさい。

2 右の図のように，2つの線分 AB，CD が点 O で交わっている。
このとき，

$$\angle \text{ADO} = \angle \text{CBO ならば } \angle \text{DAO} = \angle \text{BCO}$$

であることを証明したい。次の問いに答えなさい。

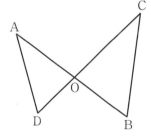

(1) 仮定と結論をいいなさい。

(2) △ADO と △CBO の内角の和について考えることで，このことを証明しなさい。

解答 ➡ 別冊 p.14

チャレンジ

右の図は，直線上の点 P を通る垂線を作図する方法を示したもので
ある。∠APQ＝∠BPQ＝90° であることを証明しなさい。

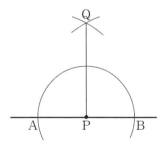

△APQ≡△BPQ
を利用するよ。

51

1 右の図のように 3 直線が交わっている。同じ記号の角が等しいとき，∠a，∠b，∠c の大きさをそれぞれ求めなさい。

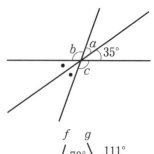

2 右の図について，次の問いに答えなさい。
(1) 平行な直線の組をすべて答えなさい。

(2) ∠x，∠y の大きさをそれぞれ求めなさい。

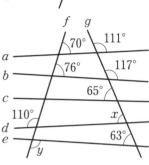

3 次の問いに答えなさい。
(1) 内角の和が 1620° となる多角形は何角形か求めなさい。

(2) 1 つの外角が 24° である正多角形は正何角形か求めなさい。

4 次の図の ∠x の大きさを求めなさい。

(1) ℓ∥m

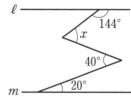

(2) ℓ∥m

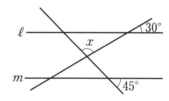

(3)

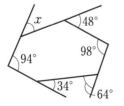

(4)

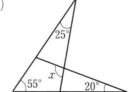

5 右の図で，印をつけた角の大きさの和を求めなさい。

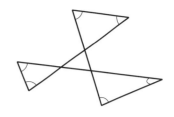

6 次のことがわかっているとき，△ABC と △DEF が必ず合同になるものをすべて選びなさい。

ア ∠B＝∠E，AB＝DE，AC＝DF

イ BC＝EF，AC＝DF，∠C＝∠F

ウ AB＝DE，∠A＝∠D，∠C＝∠F

エ ∠A＝∠D，∠B＝∠E，∠C＝∠F

7 仮定と結論を答えなさい。

(1) n が自然数ならば $2n+1$ は奇数

(2) 正五角形の内角の和は $540°$

8 右の図のように，点Oを中心とし，半径が異なる 2 つの半円がある。A，B，C，D は，半径が大きい半円の弧の上の点である。半径が小さい半円と 2 つの線分 OC，OD の交点をそれぞれ E，F とし，2 つの線分 AE，BF をひく。∠AOB＝∠COD のとき，AE＝BF であることを証明したい。次の問いに答えなさい。

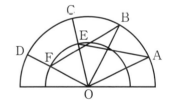

(1) このことを証明するのに，どの三角形とどの三角形の合同を示せばよいか答えなさい。

(2) このことを証明しなさい。

22 三角形①

チェック

空欄をうめて，要点のまとめを完成させましょう。

【二等辺三角形の定理】

問　右の △ABC において，AB＝AC ならば
∠B＝∠C を証明しなさい。

解答　∠A の二等分線と辺 BC との交点を D
とすると，仮定より，

AB＝ $\boxed{①}$ ，∠BAD＝∠ $\boxed{②}$

共通な辺だから，AD＝AD

2組の辺とその間の角がそれぞれ等しいから，△ABD≡ $\boxed{③}$

よって，∠B＝∠C

定義と定理

用語や記号の意味をはっきり述べたものを定義といい，証明されたことがらのうち，よく使われるものを定理という。

二等辺三角形の定義

2辺が等しい三角形を二等辺三角形という。

【二等辺三角形の性質と角の大きさ】

問　右の図において，
AB＝AC＝BD，∠ABC＝30° であるとき，∠x の大きさを求めなさい。

解答　AB＝AC より，△ABC は二等辺

三角形だから，∠ACB＝∠ABC＝ $\boxed{④}$
_{底角が等しい}

BA＝BD より，△BAD は二等辺三角形だから，

∠BAD＝(180°－30°)÷2＝ $\boxed{⑤}$
_{内角の和}　　　　　_{底角が等しい}

∠x＝180°－(30°＋ $\boxed{④}$ ＋ $\boxed{⑤}$)＝ $\boxed{⑥}$

二等辺三角形の性質

❶2つの底角は等しい。

❷頂角の二等分線は底辺を垂直に2等分する。

❸次の4つはすべて一致する。
・頂角の二等分線
・頂点から底辺にひいた中線
・頂点から底辺にひいた垂線
・底辺の垂直二等分線

トライ

解答 ➡ 別冊 p.15

1　次の図の ∠x の大きさを求めなさい。

(1)　DA＝DB

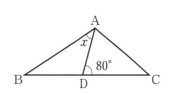

(2)　AB＝AC＝DC

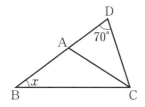

　チェックの解答　① AC　② CAD　③ △ACD　④ 30°　⑤ 75°　⑥ 45°

2 右の図の △ABC は，AB＝AC の二等辺三角形である。∠A の二等分線と辺 BC の交点をDとするとき，次のことを証明しなさい。

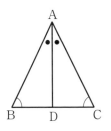

(1) BD＝CD

(2) AD⊥BC

3 右の図において，∠A＝22°，AB＝BC＝CD＝DE であるとき，∠CDE の大きさを求めなさい。

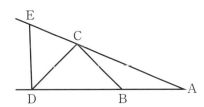

解答 ➡ 別冊 p.15

 チャレンジ ....

2 つの角が等しい三角形は二等辺三角形であることを証明しなさい。

∠B＝∠C である三角形 ABC をかいて，∠A の二等分線をひいてみよう。

23 三角形②

チェック

空欄をうめて，要点のまとめを完成させましょう。

【二等辺三角形であることの証明】

与えられた三角形が二等辺三角形であることを証明するには，

①	が等しい または	②	が等しい
定義		二等辺三角形になるための条件	

のどちらかが証明できればよい。

【正三角形になる条件】

問　右の △ABC において，
∠A＝∠B＝∠C ならば AB＝BC＝CA
を証明しなさい。

解答　∠B＝∠C より，AB＝ ③ ▢
　　　　二等辺三角形になるための条件

同様に，∠A＝∠C より，BA＝ ④ ▢

よって，AB＝BC＝CA

【正三角形であることの証明】

与えられた三角形が正三角形であることを証明するには，

⑤	が等しい または	⑥	が等しい
定義		正三角形になるための条件	

のどちらかが証明できればよい。

ポイント

二等辺三角形になる条件
p. 55 のチャレンジより，「2つの角が等しい三角形は二等辺三角形である」といえる。

正三角形の定義
3辺が等しい三角形を正三角形という。正三角形は，二等辺三角形の特別な場合である。

正三角形の定理
❶ 正三角形の 3 つの角は等しい。（性質）
❷ 3 つの角が等しい三角形は正三角形である。
（正三角形になる条件）

トライ

解答 ➡ 別冊 p. 15

1 右の図のように，△ABC の辺 BC 上の点をD，∠B の二等分線と線分 AD，AC との交点をそれぞれ E，F とする。
∠BAE＝∠BCF のとき，AE＝AF を証明しなさい。

2 右の図において，△ABC と △ADE は，頂角が等しい二等辺三角形であり，BC，DE はそれぞれの底辺である。また，点 D は辺 AC 上にある。このとき，BD＝CE であることを証明しなさい。

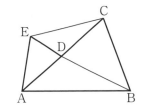

3 右の図のように，正三角形 ABC において，辺 AC 上に点 D をとり，AE∥BC，AD＝AE となるように点Eをとる。このとき，△ADE はどんな形の三角形か答えなさい。

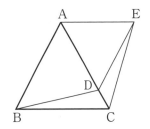

4 右の図のように，正三角形 ABC の辺 BC，CA，AB 上にそれぞれ BD＝CE＝AF となる点 D，E，F をとる。このとき，∠BAD＝∠CBE＝∠ACF を証明しなさい。

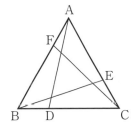

解答 ➡ 別冊 p.16

🍀 **チャレンジ** ....

4の図で，AD と BE，BE と CF，CF と AD の交点をそれぞれ P，Q，R とするとき，△PQR は正三角形であることを証明しなさい。

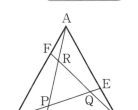

内角がどれも 60° であることが示せたらいいね！

24 三角形③

チェック

空欄をうめて，要点のまとめを完成させましょう。

【直角三角形の合同条件】

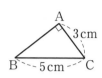 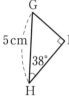 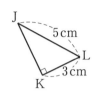

上の図の直角三角形 ABC と直角三角形 KJL は，

BC = [①   ]，AC = [②   ] より，

斜辺と他の1辺がそれぞれ等しいから，△ABC ≡ △KJL

また，直角三角形 DEF と直角三角形 GIH は，

DF = [③   ]，∠F = 180° − (90° + 52°) = [④   ] = ∠H より，

斜辺と1つの鋭角がそれぞれ等しいから，△DEF ≡ △GIH

【直角三角形の合同の利用】

問 右の図で，PB = PC ならば AB = DC を
証明しなさい。

解答 △APB と △DPC において，

∠A = ∠D = 90°

PB = PC， ∠APB = ∠DPC
　　　└‥仮定　　　　└‥対頂角

直角三角形の [⑤   ] と [⑥   ] がそれぞれ等しいから，

△APB ≡ △DPC

よって，AB = DC

【ことがらの逆】

3つの数 a，b，c についてのことがら

$$a = b \quad ならば \quad ac = bc$$

の逆は， [⑦   ] であり，この ⑦ は

[⑧ 正しい ・ 正しくない] ことがらである。
　　　反例：$a = 1$，$b = 2$，$c = 0$

ポイント

斜辺

直角三角形において，直角に対する辺を斜辺という。

斜辺

直角三角形の合同条件

❶ 斜辺と1つの鋭角がそれぞれ等しい。

❷ 斜辺と他の1辺がそれぞれ等しい。

直角三角形の合同の利用

直角三角形の合同条件を使うときは，必ず1つの内角が直角であることを示す。

逆と反例

・あることがらの仮定と結論を入れかえたものを，もとのことがらの逆という。

・あることがらについて，仮定は成り立つが結論は成り立たないという例を反例という。正しくないことを示すには，反例を1つあげればよい。

（チェックの解答）①JL ②KL ③GH ④38° ⑤斜辺 ⑥1つの鋭角 ⑦$ac = bc$ ならば $a = b$ ⑧正しくない

トライ

1 AB＝AC である二等辺三角形 ABC の辺 BC の中点を M とし，M から辺 AB，AC に垂線 MD，ME をひく。

(1) MD＝ME となることを証明しなさい。

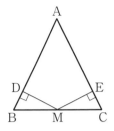

(2) D と E を結ぶ。△ADE はどんな形の三角形になるか答えなさい。

2 右の図のように，正方形 ABCD の辺 AB 上に点 E がある。線分 DE に頂点 A，C から垂線をひき，DE との交点をそれぞれ F，G とする。このとき，AF＝DG であることを証明しなさい。

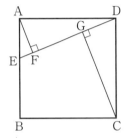

直角三角形の
合同条件を
思い出そう！

3 △ABC と △DEF において，次のことがらの逆が正しいかどうかをいいなさい。

△ABC≡△DEF　ならば　∠A＝∠D，∠B＝∠E，BC＝EF

チャレンジ

∠A＝90° の直角二等辺三角形 ABC がある。A を通って辺 BC と交わる直線 ℓ に，頂点 B，C から垂線をひき，ℓ との交点をそれぞれ D，E とする。このとき，次のことを証明しなさい。

(1) △ABD≡△CAE

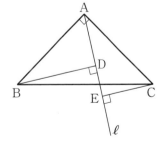

(2) BD＝CE＋ED

25 四角形①

✏️ チェック

<ruby>空欄<rt>くうらん</rt></ruby>をうめて，要点のまとめを完成させましょう。

【平行四辺形の性質】

右の図のような平行四辺形 ABCD がある。

(1) △ABC≡△CDA を証明しなさい。

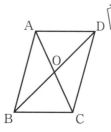

解答 共通の辺だから，①[＿＿＿]=②[＿＿＿]

平行線の<ruby>錯角<rt>さっかく</rt></ruby>は等しいから，

∠BAC=∠③[＿＿＿]，∠BCA=∠④[＿＿＿]，

1組の辺とその<ruby>両端<rt>りょうたん</rt></ruby>の角がそれぞれ等しいから，△ABC≡△CDA

(2) AB=CD，AD=CB，∠B=∠D，∠A=∠C を証明しなさい。

解答 (1)から，AB=CD，BC=DA，∠B=∠D

∠A=∠BAC+∠⑤[＿＿＿]=∠⑥[＿＿＿]+∠BCA=∠C

(3) AO=CO，DO=BO を証明しなさい。

解答 △OAD と △OCB において，(2)より，AD=CB

平行線の錯角は等しいから，

∠OAD=∠⑦[＿＿＿]，∠ODA=∠⑧[＿＿＿]，

1組の辺とその両端の角がそれぞれ等しいから，△OAD≡△OCB
よって，AO=CO，DO=BO

【平行四辺形と角の大きさ】

問 右の図の平行四辺形 ABCD において，
∠x の大きさを求めなさい。

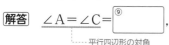

解答 ∠A=∠C=⑨[＿＿＿]，
　　　　└─ 平行四辺形の対角

∠ADB=∠DBC=⑩[＿＿＿]だから，
　　　　└─ 平行線の錯角

△ABD において，∠x=180°−(⑨[＿＿＿]+⑩[＿＿＿])=⑪[＿＿＿]

平行四辺形の定義
2 組の対辺がそれぞれ平行な四角形を平行四辺形という。

平行四辺形の性質
左の(2)(3)は次のようにまとめられる。
❶平行四辺形の 2 組の対辺はそれぞれ等しい。
❷平行四辺形の 2 組の対角はそれぞれ等しい。
❸平行四辺形の対角線はそれぞれの中点で交わる。

チェックの解答 ① AC ② CA ③ DCA ④ DAC ⑤ DAC ⑥ DCA ⑦ OCB ⑧ OBC ⑨ 100° ⑩ 30° ⑪ 50°

解答 ➡ 別冊 p.16

トライ

1 次の図の平行四辺形 ABCD において，∠x，∠y の大きさを求めなさい。

(1) AB＝AE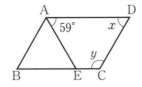

(2) AD＝AE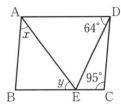

2 平行四辺形 ABCD の辺 AB，CD 上にそれぞれ点 E，F を AE＝CF となるようにとり，対角線 AC と線分 EF の交点を O とする。このとき，OE＝OF であることを証明しなさい。

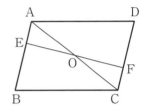

3 右の図の平行四辺形 ABCD において，∠A の二等分線が辺 DC の延長と交わる点を E とする。このとき，BC＝ED であることを証明しなさい。

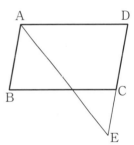

解答 ➡ 別冊 p.17

チャレンジ

右の図の平行四辺形 ABCD において，点 E は辺 BC 上の点で，AB＝AE とする。このとき，∠ACB＝∠ADE であることを証明しなさい。

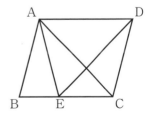

平行線の錯角を
利用しよう。

26 四角形②

チェック

空欄をうめて，要点のまとめを完成させましょう。

【平行四辺形になる条件】

問 右の図で，AB∥CD，AB＝CD ならば，四角形 ABCD は平行四辺形であることを証明しなさい。

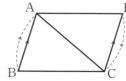

解答 △ABC と △CDA において，共通の辺だから，AC＝CA

仮定より，AB＝①□

平行線の錯角は等しいから，∠BAC＝∠②□

2組の辺とその間の角がそれぞれ等しいから，△ABC≡△CDA

よって，∠ACB＝∠③□ だから，AD∥④□
　　　　　錯角が等しい

したがって，⑤□ だから，
　　　　　平行四辺形の定義

四角形 ABCD は平行四辺形である。

ポイント

平行四辺形になる条件

次のどれかが成り立つ四角形は平行四辺形である。
① 2組の対辺がそれぞれ平行（定義）
② 2組の対辺がそれぞれ等しい。
③ 2組の対角がそれぞれ等しい。
④ 対角線がそれぞれの中点で交わる。
⑤ 1組の対辺が平行でその長さが等しい。

左の問題では，上の⑤が成り立つことを証明している。

定義まで示さなくても，平行四辺形であることは証明できるんだね！

【平行四辺形であることの証明】

問 右の図のように，平行四辺形 ABCD と対角線の交点Oがある。点 E，F が対角線 BD 上の点で BE＝DF であるとき，四角形 AECF は平行四辺形であることを証明しなさい。

解答 平行四辺形の対角線だから，AO＝⑥□，BO＝DO

さらに，仮定よりBE＝DF だから，EO＝⑦□

よって，対角線が⑧□ で交わるから，四角形 AECF は平行四辺形である。
　　　　平行四辺形になる条件❹

トライ

解答 ➡ 別冊 p.17

1 四角形 ABCD についての条件ア〜エのうち，四角形 ABCD が平行四辺形になるものをすべて選びなさい。

ア ∠A＝∠C，∠B＝∠D　　　イ AD∥BC，∠A＝∠C
ウ AB＝DC，AD∥BC　　　エ AB＝DC，AD＝BC

2 平行四辺形 ABCD の 4 つの辺上にそれぞれ点 E, F, G, H を, AE＝CG, AH＝CF となるようにとる。このとき, 四角形 EFGH は平行四辺形であることを証明しなさい。

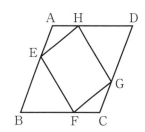

3 平行四辺形 ABCD の辺 AB, DC 上にそれぞれ点 E, F を, AE＝CF となるようにとる。また, AF と ED の交点を P, EC と BF の交点を Q とする。このとき, 次の四角形は平行四辺形であることを証明しなさい。

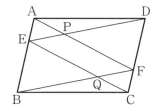

(1) 四角形 EBFD

(2) 四角形 EQFP

> 💬 **チャレンジ** ・・・ 解答 ➡ 別冊 p. 17

右の図のように, 平行四辺形 ABCD と点 E, F, G, H がある。E, G はそれぞれ辺 AB, CD 上の点, F, H は対角線 BD 上の点で, BE＝DG, BF＝DH である。このとき, 四角形 EFGH は平行四辺形であることを証明しなさい。

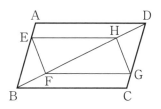

63

27 四角形③

チェック

空欄をうめて，要点のまとめを完成させましょう。

【長方形であることの証明】

問 1つの内角が直角である平行四辺形は長方形であることを証明しなさい。

解答 平行四辺形 ABCD において，∠A＝90°と仮定する。平行四辺形の対角は等しいから，

∠C＝∠A＝ ① 〔　　　〕

よって，∠B＋∠D＝360°－ ① 〔　　　〕×2＝180°

平行四辺形の対角は等しいから，∠B＝∠D＝180°÷2＝ ② 〔　　　〕

したがって，4つの角が等しいから，平行四辺形 ABCD は長方形である。

【ひし形であることの証明】

問 1組のとなり合う2つの辺が等しい平行四辺形はひし形であることを証明しなさい。

解答 平行四辺形 ABCD において，AB＝BC と仮定する。平行四辺形の2組の対辺はそれぞれ等しいから，

AB＝ ③ 〔　　　〕，AD＝ ④ 〔　　　〕

仮定とあわせて，AB＝BC＝CD＝DA

よって，4つの辺が等しいから，平行四辺形 ABCD はひし形である。

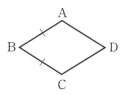

【正方形の性質を用いた証明】

問 右の図で，2つの四角形 ABCD と AEFG が正方形であるとき，△ADG≡△ABE を証明しなさい。

解答 △ADG と △ABE において，

正方形の辺だから，AD＝ ⑤ 〔　　　〕，AG＝ ⑥ 〔　　　〕

∠GAD＝90°－∠ ⑦ 〔　　　〕＝∠EAB

よって，2組の辺とその間の角がそれぞれ等しいから，△ADG≡△ABE

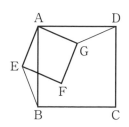

ポイント

長方形

4つの角が等しい四角形を長方形という。（定義）

長方形の対角線の長さは等しい。（定理）

ひし形

4つの辺が等しい四角形をひし形という。（定義）

ひし形の対角線は垂直に交わる。（定理）

正方形

4つの角が等しく，4つの辺が等しい四角形を正方形という。（定義）

正方形の対角線は長さが等しく垂直に交わる。（定理）

チェックの解答 ①90° ②90° ③DC ④BC ⑤AB ⑥AE ⑦BAG

解答 ➡ 別冊 p. 18

トライ

1 右の図のような平行四辺形 ABCD に，次の条件が加わると，それぞれ
どのような四角形になるか答えなさい。

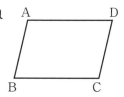

(1) ∠A＝∠B　　　　　　　(2) AC⊥BD

(3) ∠A＋∠C＝180°　　　　(4) AD＝CD，AC＝BD

2 右の図で，四角形 ABCD はひし形，△EBC は正三角形であ
る。また，F は，直線 AE と辺 CD との交点である。

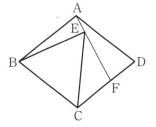

(1) △ABE はどんな形の三角形であるか答えなさい。

(2) ∠EFD＝82° のとき，∠BCD の大きさを求めなさい。

3 右の図で，四角形 ABCD が正方形，△EFC が正三角形であるとき，
BF＝DE を証明しなさい。

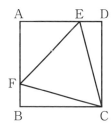

正方形の定義は
覚えているかな？

チャレンジ

解答 ➡ 別冊 p. 18

長方形 ABCD の辺 AB，BC，CD，DA 上の中点をそれぞれ E，F，G，
H とする。このとき，四角形 EFGH はひし形であることを証明しなさい。

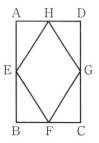

28 四角形④

チェック

<ruby>空欄<rt>くうらん</rt></ruby>をうめて，要点のまとめを完成させましょう。

【面積が等しい三角形】

右の図で，AD∥BC のとき，

△ABC と △DBC は底辺 ① [　　] を共有して

いるので，△ABC ② [　　] △DBC
　　　　　　　　　　　└--- 面積が等しい

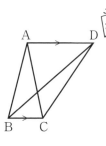

【等積変形】

右の図の五角形 ABCDE と面積が等しい四角形
FBCD を作図しなさい。

[解答] ❶ 点Aを通って線分 ③ [　　] に平行な

線分をひく。

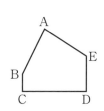

❷ 直線 ④ [　　] と❶の交点をFとする。

❸ △ABE＝△FBE だから，できた四角形
FBCD はもとの五角形と面積が等しい。

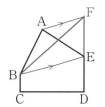

ポイント

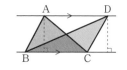

面積が等しい三角形

辺BC を共有する △ABC
と △DBC において，
AD∥BC ならば
△ABC＝△DBC

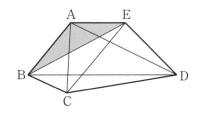

等積変形

面積を変えずに図形を変形することを等積変形という。平行線を利用して等しい面積の三角形を作図することを考える。

トライ

解答 ➡ 別冊 p.18

1 右の図の五角形 ABCDE は，AB∥EC，AD∥BC，
AE∥BD の関係がある。この図の中で，△ABE と面積の
等しい三角形を，すべて答えなさい。

チェックの解答 ①BC ②＝ ③BE ④DE

2 △ABC において，辺 BC の中点を M とし，直線 AM 上に点 P をとる。このとき，△ABP＝△ACP であることを証明しなさい。

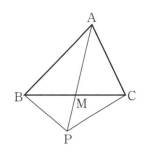

3 右の図において，直線 BC 上に点 E をとり，四角形 ABCD と面積が等しい △DEC をかきなさい。

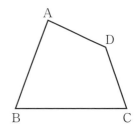

4 図のように合同な △ABC と △DEC を組み合わせて四角形 ABDE をつくる。このとき，辺 DE 上に点 P をとり線分 BP が四角形 ABDE の面積を 2 等分するには点 P をどのように取ればよいか答えなさい。また，このことを証明しなさい。

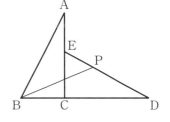

△ABC を等積変形して四角形 ABPE にしてみよう！

解答 ➡ 別冊 p.19

チャレンジ

右の図の四角形 ABCD において，AD∥BC，BC＝$\frac{4}{3}$AD である。辺 BC 上に AD＝BE となる点 E をとり，AE と BD の交点を F とする。△ABF の面積が 3 であるとき，四角形 ABCD の面積を求めなさい。

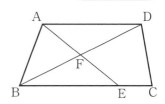

1 次の図で，∠x，∠y の大きさを求めなさい。

(1) AB＝AC，AD＝CD

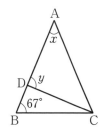

(2) AB＝BC＝CD＝DA＝EC

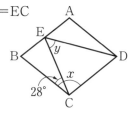

2 右の図において，△ABC と △ADE はともに正三角形である。
次のことを証明しなさい。

(1) ∠BAD＝∠CAE

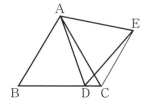

(2) BD＝CE

3 右の図の三角形 ABC は，∠A＝90° の直角三角形である。
辺 BC 上に AB＝BD となる点Dをとり，Dを通る辺 BC の
垂線と辺 AC との交点をEとする。このとき，線分 BE は
∠ABC の二等分線であることを証明しなさい。

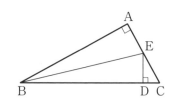

4 右の図の平行四辺形 ABCD において，対角線の交点を O とする。
∠ABC＝70°，BD＝16 cm であるとき，次のものを求めなさい。

(1) ∠BCD の大きさ　　　(2) 線分 OD の長さ

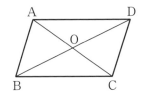

5 右の図の平行四辺形 ABCD において，頂点 A，C から対角線 BD に垂線をひき，BD との交点をそれぞれ E，F とする。このとき，四角形 AECF は平行四辺形であることを証明しなさい。

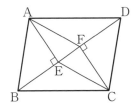

6 右の図の △ABC は，AB＝AC の二等辺三角形である。辺 BC，AC の中点をそれぞれ D，E とし，直線 DE 上に DE＝EF となるような点 F をとる。このとき，四角形 ADCF が長方形になることを証明しなさい。

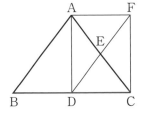

7 右の図の平行四辺形 ABCD において，辺 BC 上に点 E をとり，直線 AE と辺 DC の延長との交点を F とする。このとき，△AEC と △BEF は面積が等しいことを証明しなさい。

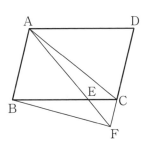

29 データの活用

チャート式参考書 >>
第6章 16

チェック

空欄をうめて，要点のまとめを完成させましょう。

【四分位数と四分位範囲】

$$2 \quad 2 \quad 3 \quad 5 \quad 6 \quad 6 \quad 7 \quad 8 \quad 9 \quad 9$$
$$\longleftarrow 四分位範囲 \longrightarrow$$

上のような10個のデータがあるとき，

第2四分位数は $\dfrac{\boxed{①} + \boxed{②}}{2} = \boxed{③}$

‥‥‥ データの中央値

第1四分位数は $\boxed{④}$ ，　第3四分位数は $\boxed{⑤}$ ，

四分位範囲は $\boxed{⑤} - \boxed{④} = \boxed{⑥}$

【箱ひげ図】

右の図は，ある2組のデータA，Bを箱ひげ図に表したものである。

Aのデータにおいて，

最小値は $\boxed{⑦}$ ，最大値は $\boxed{⑧}$ であり，

第2四分位数は $\boxed{⑨}$ ，四分位範囲は $\boxed{⑩}$ である。

また，AとBを比べて，

中央値のまわりの散らばりの程度が大きいのは $\boxed{⑪}$ ，
　　　　　箱が長く，ひげが短い

中央値のまわりにデータが集中しているのは $\boxed{⑫}$ である。
　　　　ひげが長く，箱が短い

ポイント

四分位数

データを値の大きさの順に並べたとき，4等分する位置にくる値を四分位数という。四分位数は，小さい方から順に第1四分位数，第2四分位数（中央値のこと），第3四分位数という。

四分位範囲

中央値に近いところでのデータの散らばりの程度を調べるために，第3四分位数と第1四分位数の差を考えることがある。この差を四分位範囲という。

箱ひげ図

データの散らばりのようすは，ドットプロット，ヒストグラムのほかに，箱ひげ図を使って表すときもある。

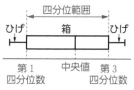

トライ

解答 ➡ 別冊 p.20

1 次のデータの中央値と四分位範囲を求めなさい。

(1) 25，22，33，22，20，24，19，30，23，25，26

まずはデータを大きさの順に並べよう。

(2) 72，69，69，68，74，71，69，74

チェックの解答 ①6 ②6 ③6 ④3 ⑤8 ⑥5 ⑦20 ⑧90 ⑨60 ⑩50 ⑪A ⑫B

2 あるクラスの生徒 10 人が 20 点満点のテストを行ったところ，結果は次のようになった。あとの問いに答えなさい。

11，12，16，11，19，13，15，13，16，15 （点）

(1) この結果を右の表にまとめなさい。

最小値	第1 四分位数	中央値	第3 四分位数	最大値

(2) 表をもとにして，箱ひげ図をかきなさい。

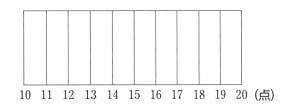

10　11　12　13　14　15　16　17　18　19　20 （点）

3 ある中学校の 2 年生男子が握力テストを行った。右の図は，結果を 20 人ずつの 3 班でまとめた箱ひげ図である。

(1) 四分位範囲がもっとも小さい班を答えなさい。

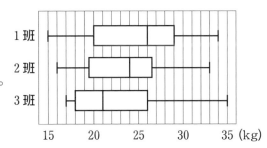

(2) 結果が 25 kg 以上であった生徒が 10 人以上いる班を答えなさい。

(3) 結果が 19 kg 未満であった生徒が 5 人以上いる班を答えなさい。

💬 **チャレンジ** ⋯⋯⋯⋯⋯⋯⋯⋯⋯⋯⋯⋯⋯⋯⋯⋯⋯⋯⋯⋯⋯⋯⋯⋯⋯⋯⋯⋯ 解答 ➡ 別冊 p.20

次のデータは，あるゲームを 10 回行ったときの得点である。

94，92，79，80，85，83，90，78，a，b （点）

このデータの平均値が 86 点，第 3 四分位数が 90 点であるとき，中央値と第 1 四分位数を求めなさい。ただし，a，b は自然数で $a < b$ とする。

30 確率①

チェック

<ruby>空欄<rt>くうらん</rt></ruby>をうめて，要点のまとめを完成させましょう。

【確率の基本／起こらない確率】

1個のさいころを投げたときの目の出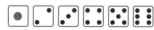

方は全部で $\boxed{①}$ 通りあり，そのうち5以上の目の出方は5，6の

2通りある。よって，1個のさいころを投げるとき，5以上の目が

出る確率は $\dfrac{2}{6}=\boxed{②}$ である。

$\underset{(5以上の目の出方)\div(すべての目の出方)}{}$

また，5未満の目が出る確率は $1-\boxed{②}=\boxed{③}$ である。

【硬貨の確率】

2枚の硬貨A，Bを投げたときの表裏の出

方は，右の樹形図のように，全部で

$2\times2=\boxed{④}$ （通り）ある。

(1) 10円玉と100円玉の2枚の硬貨を投げる

　　とき，

　　10円玉が表，100円玉が裏となる確率は $\boxed{⑤}$ である。
　　$\underset{(表，裏)の1通り}{}$

(2) 10円玉2枚を投げるとき，

　　1枚が表，もう1枚は裏となる確率は $\boxed{⑥}$ である。
　　$\underset{(表，裏)と(裏，表)の2通り}{}$

```
      A    B
   表 ┌ 表  （表，表）
  表 └ 裏  （表，裏）

   裏 ┌ 表  （裏，表）
     └ 裏  （裏，裏）
```

ポイント

確率

起こりうるすべての場合が n 通りあり，そのうち，ことがらAの起こる場合が a 通りであるとき，

Aの起こる確率は $\dfrac{a}{n}$

Aの起こらない確率は $1-\dfrac{a}{n}$

場合の数の求め方

確率を求めるときは，樹形図や表を使うと，起こりうるすべての場合を順序よく整理するのに便利である。

A\B	表	裏
表	（表，表）	（表，裏）
裏	（裏，表）	（裏，裏）

確率では，同じものも区別して1通りと数えることに注意する。2枚の硬貨を投げるとき，（表，裏）と（裏，表）は，見た目は同じでも異なる場合となる。

【2個のさいころの確率】

問　2個のさいころa，bを投げるとき，目の数の積が<ruby>奇数<rt>きすう</rt></ruby>になる確率を求めなさい。

解答　2個のさいころa，bを投げたときの目の出方は，全部で

$6\times6=\boxed{⑦}$ （通り）あり，出た目の数の積が奇数になる場合は，右

の表より $\boxed{⑧}$ 通りある。よって，求める確率は，$\dfrac{9}{36}=\boxed{⑨}$

a\b	1	2	3	4	5	6
1	1	2	3	4	5	6
2	2	4	6	8	10	12
3	3	6	9	12	15	18
4	4	8	12	16	20	24
5	5	10	15	20	25	30
6	6	12	18	24	30	36

チェックの解答 ①6　②$\dfrac{1}{3}$　③$\dfrac{2}{3}$　④4　⑤$\dfrac{1}{4}$　⑥$\dfrac{1}{2}$　⑦36　⑧9　⑨$\dfrac{1}{4}$

解答 ➡ 別冊 p. 20

トライ

1 次の確率を求めなさい。

(1) 1個のさいころを投げるとき，2以下の目が出る確率

(2) 赤玉2個，白玉5個，青玉1個が入った袋から玉を1個取り出すとき，
　① それが赤玉である確率　　　　　② それが青玉でない確率

2 3枚の硬貨を同時に投げるとき，次の確率を求めなさい。

(1) 3枚とも表が出る確率　　　　　(2) 1枚だけ裏が出る確率

3 2個のさいころを同時に投げるとき，次の確率を求めなさい。

(1) 出る目の和が4になる確率　　　(2) 出る目の積が4以下になる確率

4 4つの数字2，3，4，5の中から，2つの数字を使って2けたの整数をつくる。次のときに，その整数が偶数となる確率を求めなさい。

(1) 同じ数字を2度使ってもよいとき　　(2) 異なる2つの数字を使うとき

チャレンジ

解答 ➡ 別冊 p. 21

2個のさいころ A，B を投げるとき，さいころAの出る目を a，さいころBの出る目を b とする。このとき，次の確率を求めなさい。

(1) $\dfrac{b}{a}$ の値が整数となる確率　　　(2) $\dfrac{b}{a} \leqq \dfrac{1}{4}$ となる確率

表をつくって，考えてみよう。

31 確率②

チェック

空欄をうめて，要点のまとめを完成させましょう。

【玉を取り出す確率】

問　赤玉2個，白玉2個が入った袋から同時に2個の玉を取り出すとき，赤玉と白玉を1個ずつ取り出す確率を求めなさい。

解答　取り出し方は，右の樹形図のように，全部で ① [　] 通りある。このうち，赤玉と白玉を1個ずつ取り出す場合は ② [　] 通りなので，求める確率は，

$\dfrac{4}{6} =$ ③ [　]

ポイント

玉を取り出す確率

同じ色の玉でも 赤₁, 赤₂ のように区別して考えるので，(赤, 白) となる場合は4通りある。しかし，2個を同時に取り出すことから，(白, 赤) は (赤, 白) と同じになるので，数えないことに注意する。

【くじ引きの確率】

3本の中に1本の当たりが入ったくじを，Aさん，Bさんの順に1本ずつ引き，引いたくじはもどさないとする。当たりを○，はずれを ×₁，×₂ として右のように樹形図をかくと，

Aさんが当たる確率は，$\dfrac{④[\ ]}{6} = $ ⑤ [　]

Bさんが当たる確率は，$\dfrac{⑥[\ ]}{6} = $ ⑦ [　] となる。

くじ引きの確率

同じはずれくじでも ×₁, ×₂ のように区別して考える。引いたくじはもどさないので，たとえば (○, ○) のようなことは起きない。また，引く人が異なるので，(○, ×₁) と (×₁, ○) は異なることに注意する。

トライ

解答 ➡ 別冊 p.21

1 赤玉3個，白玉3個が入った袋から同時に2個の玉を取り出すとき，次の確率を求めなさい。

(1) 2個とも赤玉が出る確率

(2) 少なくとも1個は白玉が出る確率

　チェックの解答 ①6　②4　③$\dfrac{2}{3}$　④2　⑤$\dfrac{1}{3}$　⑥2　⑦$\dfrac{1}{3}$

2 5本の中に2本の当たりが入ったくじを，AさんとBさんがこの順に1本ずつ引く。ただし，引いたくじはもどさないとする。このとき，Aさんが当たる確率，Bさんが当たる確率をそれぞれ求めなさい。

3 右のような図形に色をぬる。となりあう色が同じにならないようにぬるとき，次のようなぬり方は何通りあるか求めなさい。

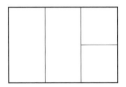

(1) 赤，青，黄，緑の4色を使ったぬり方

(2) 赤，青，黄の3色を使ったぬり方

4 a，b，c，dの4色の中から3色を使って，右のような図形に色をぬる。となりあう色が同じにならないようにぬるとき，次の問いに答えなさい。

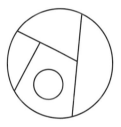

(1) ぬり方は全部で何通りあるか求めなさい。

(2) 中央の○がaでぬられる確率を求めなさい。

チャレンジ .... 解答 ➡ 別冊 p.22

Aさん，Bさん，Cさんの3人がじゃんけんをする。このとき，次の確率を求めなさい。
(1) 3人とも異なる手を出す確率　　　(2) Aさんが勝つ確率

(2) 1人だけ勝つ場合と，2人勝つ場合があるよ。

75

1 次のデータは，生徒 10 人が受けた数学と英語の小テストの得点である。

数学：45，34，48，35，49，42，36，49，38，40 （点）
英語：34，32，35，39，38，36，45，35，38，41 （点）

(1) 数学のテストの中央値と四分位範囲をそれぞれ求めなさい。

(2) 四分位範囲をもとに，中央値のまわりの散らばりの程度が大きいのはどちらのテストか答えなさい。

2 100 円硬貨 1 枚と 50 円硬貨 2 枚を同時に投げるとき，次の確率を求めなさい。

(1) 2 枚ある 50 円硬貨のうち 1 枚が表，1 枚が裏になる確率

(2) 表になった硬貨の金額の合計が 100 円となる確率

3 2 個のさいころ A，B を同時に投げるとき，次の確率を求めなさい。

(1) 出る目が両方とも 3 以下になる確率　　　(2) 出る目の和が 6 の約数になる確率

(3) 出る目の積が 20 以上になる確率　　　　(4) A の出る目が B の出る目よりも大きい確率

4 1, 2, 3, 4, 5 の中から, 異なる 2 つの数字を使って 2 けたの整数をつくる。このとき, 次の確率を求めなさい。

(1) 奇数になる確率

(2) 素数にならない確率

5 赤玉 3 個, 白玉 2 個, 青玉 1 個が入った袋から, 同時に 2 個の玉を取り出すとき, 次の確率を求めなさい。

(1) 1 個が白玉で 1 個が青玉である確率

(2) 同じ色の玉である確率

6 1 から 8 までの数字が 1 つずつ書かれた 8 枚のカードを, A, B の 2 人にそれぞれ 4 枚ずつ配ったところ, A には 1, 3, 5, 8 のカードが, B には 2, 4, 6, 7 のカードが配られた。A, B がそれぞれカードを裏返してよくきり, 一番上にあるカードを出す。出したカードに書かれている数字が大きい方を勝ちとするとき, 勝ちやすいのは A, B のどちらか答えなさい。また, 勝ちやすい方の勝つ確率を求めなさい。

点 / 100点

❶ 次の計算をしなさい。[7点×4-28点]

(1) $3(2a-b)-2(a-3b)$

(2) $\dfrac{5a-b}{2}-\dfrac{2a-4b}{3}$

(3) $(-3ab^2)\div\dfrac{9}{4}ab$

(4) $\dfrac{5}{2}x^2y\times(-3x)\div15xy$

❷ 次の連立方程式を解きなさい。[7点×2-14点]

(1) $\begin{cases} 5x+2y=9 \\ 4x-3y=21 \end{cases}$

(2) $\begin{cases} 2x-5(x+y)=6 \\ x+2y=-1 \end{cases}$

❸ 右の図の直方体の形の水そうは，底から垂直に立てられた長方形の仕切りによって，高さ 30 cm のところまでア側とイ側に分かれている。ア側には一定の割合で水が出る水道があり，水が 5 cm の高さまで入っている。この状態から，水道で水を水そうにいっぱいになるまで入れた。入れ始めてから x 分後のア側における水面の高さを y cm としたとき，x と y の関係は右下のグラフのようになった。[8点×3-24点]

(1) グラフの p, q の値を求めなさい。

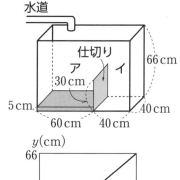

水道

仕切り
ア　イ
30 cm
66 cm
5 cm
60 cm　40 cm　40 cm

(2) 水道から 1 分間に出る水の量は何 L か求めなさい。

(3) x の変域が $q \leqq x \leqq 21$ のときについて，y を x の式で表しなさい。

❹ 右の図において，$\ell \parallel m$，∠ABC＝90° である。線分 AD が ∠EAB を 2 等分するとき，∠x の大きさを求めなさい。［8点］

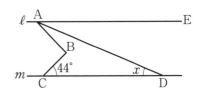

❺ 右の図のように，正三角形 ABC の辺 BC 上に点Dをとり，AD を 1 辺とする正三角形 ADE を点Cと反対側につくる。このとき，AC∥EB となることを証明しなさい。［9点］

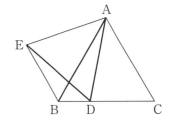

❻ 左下のヒストグラムは，あるクラスの生徒 30 人の 50 m 走の記録をまとめたもので，たとえば 6.0 秒以上 6.5 秒未満の階級に入る生徒は 2 人であったことを表している。対応する箱ひげ図としてもっとも適するものを，右下のア〜エから選びなさい。［8点］

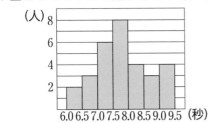

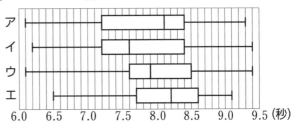

❼ 2，4，6，8 の数字を 1 つずつ書いた 4 枚のカードから，もとにもどさずに続けて 2 枚を取り出す。1 枚目のカードを十の位の数，2 枚目のカードを一の位の数として 2 けたの整数をつくるとき，できた数が 7 の倍数になる確率を求めなさい。［9点］

初版
第1刷 2021年4月1日 発行
第2刷 2022年2月1日 発行

●編 者
　数研出版編集部
●カバー・表紙デザイン
　有限会社アーク・ビジュアル・ワークス

発行者　星野　泰也

ISBN978-4-410-15143-9

チャート式。　中学数学　2年　準拠ドリル

発行所　数研出版株式会社

本書の一部または全部を許可なく
複写・複製することおよび本書の
解説・解答書を無断で作成するこ
とを禁じます。

〒101-0052　東京都千代田区神田小川町2丁目3番地3
　　　　　　〔振替〕00140-4-118431
〒604-0861　京都市中京区烏丸通竹屋町上る大倉町205番地
〔電話〕代表　(075)231-0161
ホームページ　https://www.chart.co.jp
印刷　創栄図書印刷株式会社
　　　乱丁本・落丁本はお取り替えいたします　211202

「チャート式」は，登録商標です。

チャート式®

中学 数学

2年

準拠ドリル

答えと解説

1 単項式と多項式，多項式の計算①

トライ ➡本冊 p.4

1 $\dfrac{x^2}{3}$, $-6xy$, $-x$, $2y$, 1

2 (1) 1次式 (2) 3次式 (3) 4次式 (4) 2次式
(5) 3次式

3 (1) $5a$ (2) $-2x$ (3) $6a+4b$
(4) x^2+2x-6

4 (1) $3a+b$ (2) $5x-2y$ (3) $2x+9y$
(4) $3a+5$ (5) $7x-14$ (6) $\dfrac{7}{4}a-\dfrac{4}{3}b-\dfrac{5}{3}$

5 (1) 和：$6a-3b$ 差：$2a+7b$
(2) 和：$x-5y$ 差：$7x-7y$

解説

2 (3) 単項式なので，かけ合わされている文字の個数を答える。x が 2 個，y が 2 個，あわせて 4 個で 4 次式となる。

➡ **くわしく！** 次数 ………………………… チャート式参考書 ≫p.10

3 分配法則を使ってまとめる。
(3) $(2+4)a+(5-1)b=6a+4b$
(4) $(4-3)x^2+(-2+4)x+1-7=x^2+2x-6$

4 かっこの前が＋のときは，かっこはそのままはずせる。－のときは，かっこの中の符号を変えてはずす。

➡ **くわしく！** かっこのはずし方 ………… チャート式参考書 ≫p.12

(4) $(4a-2b+8)-(a-2b+3)$
$=4a-2b+8-a+2b-3$
$=(4-1)a+(-2+2)b+(8-3)=3a+5$

5 (2) 和：$(4x-6y)+(-3x+y)=4x-6y-3x+y$
$=(4-3)x+(-6+1)y=x-5y$
差：$(4x-6y)-(-3x+y)=4x-6y+3x-y$
$=(4+3)x+(-6-1)y=7x-7y$

チャレンジ ➡本冊 p.5

$\dfrac{11}{15}a+\dfrac{7}{6}b-5$

解説

$\dfrac{1}{3}a+\dfrac{1}{2}b-5$ をひく前の式は，

$\dfrac{2}{5}a+\dfrac{2}{3}b$ と $\dfrac{1}{3}a+\dfrac{1}{2}b-5$ の和である。

2 多項式の計算②

トライ ➡本冊 p.7

1 (1) $9x^2-3x+6$ (2) $-4x-3y+5$

2 (1) $2a+3b$ (2) $2x+y$ (3) $7a+10b$
(4) $3x-4y$

3 (1) $\dfrac{4a+2b}{3}$ (2) $\dfrac{5a+4b}{4}$ (3) $\dfrac{11x-y}{12}$
(4) $\dfrac{5a-4b}{12}$ (5) $\dfrac{x-3y}{10}$ (6) $\dfrac{6a+8b}{15}$

解説

1 分配法則を使ってかっこをはずす。わり算は，逆数をかける乗法になおす。

(2) $(16x+12y-20)\times\left(-\dfrac{1}{4}\right)=16x\times\left(-\dfrac{1}{4}\right)$
$+12y\times\left(-\dfrac{1}{4}\right)-20\times\left(-\dfrac{1}{4}\right)=-4x-3y+5$

3 (2) 通分して 1 つの分数にまとめる。

$\dfrac{3a+b}{2}-\dfrac{a-2b}{4}=\dfrac{2(3a+b)-(a-2b)}{4}$

$=\dfrac{6a+2b-a+2b}{4}=\dfrac{5a+4b}{4}$

別解 （分数）×（多項式）の形にする。

$\dfrac{3a+b}{2}-\dfrac{a-2b}{4}=\dfrac{1}{2}(3a+b)-\dfrac{1}{4}(a-2b)$

$=\dfrac{3}{2}a-\dfrac{1}{4}a+\dfrac{1}{2}b+\dfrac{1}{2}b=\dfrac{5}{4}a+b$

(4) $\dfrac{3(a-2b)+2(a+b)}{12}=\dfrac{3a-6b+2a+2b}{12}$

$=\dfrac{5a-4b}{12}$

チャレンジ ➡本冊 p.7

$14x+14y$

解説

$A-B-3(A-3B)=-2A+8B$
$A=x-3y$, $B=2x+y$ を代入して，
$-2(x-3y)+8(2x+y)$
$=-2x+6y+16x+8y=14x+14y$

3 単項式の乗法，除法

トライ ➡本冊 p.8

1 (1) $6xyz$ (2) $-2b$

2 (1) $-9a^3b^2$ (2) $\dfrac{4}{5}x^3y$ (3) $36x$ (4) $18b^2$

(5) $-8a^2$ (6) $-3y$ (7) -1 (8) $-3a^2b^2$

3 (1) -14 (2) -75

4 (1) -2 (2) 1

解説

2 累乗をふくむ単項式の乗除は，文字の個数に注意する。

(3) $-27x^3 \times \left(-\dfrac{4}{3x^2}\right) = \dfrac{27x^3 \times 4}{3x^2} = 36x$

(4) $2a^2b^4 \div \dfrac{a^2b^2}{9} = 2a^2b^4 \times \dfrac{9}{a^2b^2} = \dfrac{2a^2b^4 \times 9}{a^2b^2} = 18b^2$

(7) 乗法だけの式になおして計算する。

$-4x^2y \times \dfrac{1}{8xy} \times \dfrac{2}{x} = -\dfrac{4x^2y \times 1 \times 2}{8xy \times x} = -1$

(8) $\dfrac{16}{9}ab^2 \times \dfrac{9}{4}a^4b^2 \div \left(-\dfrac{4}{3}a^3b^2\right)$

$= -\dfrac{16ab^2}{9} \times \dfrac{9a^4b^2}{4} \times \dfrac{3}{4a^3b^2} = -3a^2b^2$

> **くわしく！** 乗法と除法の混じった計算 …… **チャート式参考書** ≫p.19

3 式を簡単にしてから代入する。

(1) $3(5x+y) - 4(2x-y) = 7x + 7y$

$x=3$, $y=-5$ を代入して，

$7 \times 3 + 7 \times (-5) = 21 - 35 = -14$

(2) $2x^3y \times (-3y) \div 6x^2 = -xy^2$

$x=3$, $y=-5$ を代入して，

$-3 \times (-5)^2 = -3 \times 25 = -75$

チャレンジ ➡本冊 p.9

$\dfrac{1}{6}$

解説

$\dfrac{1}{8}x^6y^3 \div \left(-\dfrac{1}{16}x^7y^4\right) \times x^2y^2$

$= -\dfrac{x^6y^3 \times 16 \times x^2y^2}{8 \times x^7y^4} = -2xy$

$x=\dfrac{1}{3}$, $y=-\dfrac{1}{4}$ を代入して，$-2 \times \dfrac{1}{3} \times \left(-\dfrac{1}{4}\right) = \dfrac{1}{6}$

4 文字式の利用

トライ ➡本冊 p.10

1 4つの奇数は $2n+1$, $2n+3$, $2n+5$, $2n+7$ と表される。これらの和は，

$(2n+1) + (2n+3) + (2n+5) + (2n+7)$
$= 8n + 16 = 8(n+2)$

$n+2$ は整数なので，$8(n+2)$ は 8 の倍数である。

よって，連続する 4 つの奇数の和は 8 の倍数である。

2 2けたの自然数の十の位の数を a，一の位の数を b とすると，もとの自然数は $10a+b$，十の位と一の位を入れかえた数は $10b+a$ と表される。

$(10a+b) - (10b+a) = 10a + b - 10b - a$
$= 9a - 9b = 9(a-b)$

$a-b$ は整数なので，$9(a-b)$ は 9 の倍数である。

よって，2 けたの自然数とその十の位と一の位を入れかえた数の差は 9 の倍数になる。

3 12倍

4 (1) $y = \dfrac{17-4x}{3}$ (2) $b = 3m - 2a$

(3) $a = 6b - 3$ (4) $y = \dfrac{3}{4}x - 2$

解説

1 「連続する」とあるので，4 つの奇数を表すときは，同じ文字を使う。

> **くわしく！** 整数の表し方 …………………… **チャート式参考書** ≫p.22

3 等しい高さを h，円錐 B の底面の半径を r とすると，B の体積は $\dfrac{1}{3}\pi r^2 h$ と表される。円柱 A の底面の半径は $2r$ なので，A の体積は，$\pi \times (2r)^2 \times h = 4\pi r^2 h$

$4\pi r^2 h \div \dfrac{1}{3}\pi r^2 h = 12$ (倍)

4 (2) 両辺を入れかえて，$\dfrac{2a+b}{3} = m$

両辺に 3 をかけて，$2a + b = 3m$

$2a$ を移項して，$b = 3m - 2a$

(3) 1 を移項して，$\dfrac{a}{3} = 2b - 1$

両辺に 3 をかけて，$a = 6b - 3$

チャレンジ ➡本冊 p.11

$(a-3b)$ 点

解説

英語と国語の合計点は　$2a$ 点

英語，数学，国語の 3 教科の平均点は $(a-b)$ 点

3 教科の合計点は　$3(a-b) = 3a - 3b$ (点)

数学の点数は　$(3a-3b) - 2a = a - 3b$ (点)

3

1 (1) ア，エ　(2) エ，3 次式

2 (1) $4x-6y$　(2) $2x+6y$　(3) $8x-4y^2$

(4) $-7x+2y$　(5) $2x^2+3x+1$

(6) $2x-11y+4$　(7) $\dfrac{37x-17y}{20}$

(8) $\dfrac{-2x-9y}{12}$

3 (1) $9a^5$　(2) $-4ab$　(3) $-2ab^2$　(4) $-\dfrac{3}{5}a^4b^4$

4 (1) 6　(2) 24

5 (1) $a=5m+7$，$b=5n+1$

(2) 商：$m+n+1$　余り：3

6 (1) $11a+b$　(2) 9 の倍数　(3) 各位の数の和

7 (1) $\ell=\dfrac{2S}{r}$　(2) $y=-\dfrac{x}{4}-z$

8 (1) $a=2\pi R-2\pi r$　(2) $\dfrac{a}{2\pi}$

解説

1 (1) アのように 1 つの数も単項式である。

(2) イ，ウはどちらも 2 次式である。

2 かっこがある場合はかっこをはずし，同類項をまとめる。分数の形の式は，通分をするか (数)×(多項式) の形にして計算する。

3 係数の積に文字の積をかける。

4 式を計算すると，(1) $2x-y$　(2) $8ab^2$ となる。

5 (2) $a+b=(5m+7)+(5n+1)=5m+5n+8$
$=5(m+n+1)+3$ より，商は $m+n+1$，余りは
3 となる。$a+b=5(m+n)+8$ から，商を $m+n$，
余りを 8 としないように注意する。

6 式変形をすることで，
(3 けたの自然数)＝(9 の倍数)＋(各位の数の和)
となった。この「各位の数の和」が 9 の倍数であれ
ば，3 けたの自然数は 9 の倍数といえる。

7 (1) 両辺を入れかえて，$\dfrac{1}{2}\ell r=S$

両辺に 2 をかけて，$\ell r=2S$

両辺を r でわって，$\ell=\dfrac{2S}{r}$

8 (1) 円の周の長さは，$2\times\pi\times$(半径) で表される。

(2) (1)より，$a=2\pi R-2\pi r$
右辺を変形して両辺を入れかえると，$2\pi(R-r)=a$

両辺を 2π でわって，$R-r=\dfrac{a}{2\pi}$

---

5 連立方程式①

トライ　➡本冊 p.14

1 ウ

2 (1) $x=3$，$y=1$　(2) $x=-2$，$y=-4$

(3) $x=-1$，$y=2$　(4) $x=-1$，$y=-4$

3 (1) $x=1$，$y=3$　(2) $x=2$，$y=-1$

(3) $x=2$，$y=-3$　(4) $x=5$，$y=3$

解説

方程式を上から順に①，②とする。

1 ウ　$x=2$，$y=-1$ を代入すると，
① は，(左辺)$=2-2\times(-1)=4=$(右辺)
② は，(左辺)$=3\times2+4\times(-1)=2=$(右辺)

くわしく！　連立方程式の解…………………… チャート式参考書 ≫p.35

2 (1) ①　　　$x+2y=5$
②　－)$\underline{\ x-\ y=2\ }$
　　　　　$3y=3$　　　$y=1$
②に代入して，$x-1=2$　　$x=3$

(4) ①×3　$18x-3y=-6$
②　　－)$\underline{\ 4x-3y=8\ }$
　　　　$14x\ \ \ \ \ =-14$　　$x=-1$
①に代入して，$6\times(-1)-y=-2$　　$y=-4$

3 (2) ②を①に代入して，$4(3y+5)+y=7$　$y=-1$
②に代入して，$x=3\times(-1)+5=2$

(3) ①より，$x=y+5$ …… ③
③を②に代入して，$5\times(y+5)+2y=4$　$y=-3$
③に代入して，$x=-3+5=2$

(4) ②を①に代入して，$-(3y+1)+7y=11$　　$y=3$
②に代入して，$2x=3\times3+1$　　$x=5$

チャレンジ　➡本冊 p.15

$x=4$，$y=-1$

解説

$\begin{cases} 3x+5y=7 & \cdots\cdots ① \\ 2x-3y=11 & \cdots\cdots ② \end{cases}$

①×2　　　$6x+10y=14$
②×3　－)$\underline{\ 6x-\ 9y=33\ }$
　　　　　$19y=-19$　　　$y=-1$
②に代入して，$2x-3\times(-1)=11$　　$x=4$

6 連立方程式②

トライ ➡本冊 p.17

1 (1) $x=14$, $y=5$　(2) $x=4$, $y=1$

　　(3) $x=-9$, $y=4$　(4) $x=2$, $y=-3$

　　(5) $x=4$, $y=9$　(6) $x=14$, $y=5$

2 $a=3$, $b=4$

解説

1 (2) かっこをはずして整理すると，

$$\begin{cases} 3x-2y=10 & \cdots\cdots ① \\ y=2x-7 & \cdots\cdots ② \end{cases}$$

　　② を ① に代入して，$3x-2(2x-7)=10$　　$x=4$

　　② に代入して，$y=2\times4-7=1$

(3) 方程式を上から順に ①，② とする。

　　① $\times6$　　　　$2x+3y=-6$

　　② $\times2$　　$-)\ 2x+8y=14$

　　　　　　　　　　$-5y=-20$　　　$y=4$

　　② に代入して，$x+4\times4=7$　　$x=-9$

(6) 方程式を上から順に ①，② とする。

　　① $\times10$ より，$3x-2y=32$　……　③

　　③ $\times5$　　　$15x-10y=160$

　　② $\times3$　$-)\ 15x-21y=105$

　　　　　　　　　　$11y=55$　　　$y=5$

　　③ に代入して，$3x-2\times5=32$　　$x=14$

2 方程式に $x=-3$，$y=b$ を代入すると，

$$\begin{cases} -6+3b=6 & \cdots\cdots ① \\ -3+ab=3a & \cdots\cdots ② \end{cases}$$

　　① より，$b=4$

　　② に代入して，$-3+a\times4=3a$　　$a=3$

チャレンジ ➡本冊 p.17

$x=3$, $y=-1$

解説

$2x+y+1=6$ より，$2x+y=5$ …… ①

$x+2y+5=6$ より，$x+2y=1$ …… ②

① $\times2$　$4x+2y=10$

②　　$-)\ x+2y=1$

　　　　$3x\ \ \ \ \ =9$　　　$x=3$

① に代入して，$2\times3+y=5$　　$y=-1$

〈くわしく!〉 $A=B=C$ の形をした方程式… チャート式参考書 ≫p.41

7 連立方程式の利用①

トライ ➡本冊 p.18

1 大人 5 人，子ども 8 人

2 バラ 5 本，マーガレット 15 本

3 A 地点から P 地点まで 2 km，

　　P 地点から B 地点まで 1.6 km

解説

1 大人の人数を x 人，子どもの人数を y 人とすると，

　平日の入館料について，$700x+400y=6700$

　整理すると，$7x+4y=67$ …… ①

　休日の入館料について，$1000x+600y=9800$

　整理すると，$5x+3y=49$ …… ②

　①，② を連立方程式として解くと，$x=5$，$y=8$

　これらは問題に適している。

2 バラの本数を x 本，マーガレットの本数を y 本とすると，本数について，$x+y=20$ …… ①

　金額について，$250x+150y=3500$ …… ②

　①，② を連立方程式として解くと，$x=5$，$y=15$

　これらは問題に適している。

3 A 地点から P 地点までの道のりを x m，P 地点から B 地点までの道のりを y m とすると，道のりの合計について，$x+y=3600$ …… ①

　かかった時間について，

$$\frac{x}{50}+\frac{y}{80}=60 \qquad 8x+5y=24000 \cdots\cdots ②$$

　①，② を連立方程式として解くと，$x=2000$，

　$y=1600$

　これらは問題に適している。

〈くわしく!〉 道のり・速さ・時間の問題…… チャート式参考書 ≫p.47

チャレンジ ➡本冊 p.19

バラ肉 680 円，モモ肉 530 円

解説

バラ肉 100 g の値段を x 円，モモ肉 100 g の値段を y 円とすると，予算の過不足について，

$6x-380=6y+520$　　　$x-y=150$ …… ①

実際に支払った代金について，

$3(x+y)=3630$　　　$x+y=1210$ …… ②

①，② を連立方程式として解くと，$x=680$，$y=530$

これらは問題に適している。

8 連立方程式の利用②

トライ ➡本冊 p.20

1 男子 792 人，女子 780 人

2 電気代 340 円，水道代 190 円

3 A 10 g，B 60 g

解説

1 昨年度の男子の受験者数を x 人，女子の受験者数を y 人とすると，$x+y=1530$ …… ①
また，今年増加した人数について，
$-0.1x+0.2y=42$ $-x+2y=420$ …… ②
①，②を連立方程式として解くと，$x=880$，$y=650$
このとき，昨年度の受験者数は，
男子…$880×(1-0.1)=792$（人）
女子…$650×(1+0.2)=780$（人）
これらは問題に適している。

2 昨年 1 月の 1 日あたりの電気代を x 円，水道代を y 円とすると，$x+y=530$ …… ①
また，今年の合計金額について，
$0.85x+0.9y=460$ $17x+18y=9200$ …… ②
①，②を連立方程式として解くと，$x=340$，$y=190$
これらは問題に適している。

3 A から x g，B から y g 取り出したとすると，食塩水の量について，
$x+y+30=100$ $x+y=70$ …… ①
食塩の量について，
$\frac{10}{100}x+\frac{20}{100}y=\frac{13}{100}×100$ $x+2y=130$ …… ②
①，②を連立方程式として解くと，$x=10$，$y=60$
これらは問題に適している。

➡くわしく！ 食塩水の問題 ……………………… チャート式参考書 ≫p.50

チャレンジ ➡本冊 p.21

男子 84 人，女子 91 人

解説

今年度の男子の生徒数を x 人，女子の生徒数を y 人とすると，昨年度の人数について，
$x+6=(y-8)+7$ $x-y=-7$ …… ①
今年度の女子の割合について，
$y=\frac{52}{100}×(x+y)$ $13x-12y=0$ …… ②
①，②を連立方程式として解くと，$x=84$，$y=91$
これらは問題に適している。

9 連立方程式の利用③

トライ ➡本冊 p.23

1 27

2 秒速 20 m，長さ 100 m

解説

1 十の位の数を x，一の位の数を y とすると，
$\begin{cases} 2y+x=16 \\ 10y+x=10x+y+45 \end{cases}$ 整理すると，$\begin{cases} x+2y=16 \\ -x+y=5 \end{cases}$
連立方程式を解いて，$x=2$，$y=7$
これらは問題に適している。

2 列車の速さを秒速 x m，長さを y m とする。

120 秒で $(2500-y)$ m 進んだことから，
$120x=2500-y$ …… ①

40 秒で $(700+y)$ m 進んだことから，
$40x=700+y$ …… ②
①，②を連立方程式として解くと，$x=20$，$y=100$
これらは問題に適している。

➡くわしく！ 鉄橋を通る列車の問題 ………… チャート式参考書 ≫p.52

チャレンジ ➡本冊 p.23

(1) $2:3$ (2) $\frac{24}{36}$

解説

(2) $\begin{cases} x:y=2:3 \\ (x-3):(y-22)=3:2 \end{cases}$

整理すると，$\begin{cases} 3x-2y=0 \\ 2x-3y=-60 \end{cases}$
連立方程式を解いて，$x=24$，$y=36$
これらは問題に適している。

確認問題② ➡本冊 p.24

1 (1) $x=-\frac{5}{4}$，$y=\frac{3}{2}$ (2) $x=3$，$y=-6$

(3) $x=-1$，$y=1$ (4) $x=-\frac{3}{2}$，$y=5$

(5) $x=3$, $y=-4$　(6) $x=5$, $y=-2$

2 $x=\dfrac{4}{7}$, $y=-\dfrac{1}{7}$

3 $a=1$, $b=-1$

4 600 m

5 A 450 円，B 310 円

6 7 % の食塩水 60 g，4 % の食塩水 120 g

7 755

解説

1 方程式を上から順に ①，② とする。

(1) ② を ① に代入して，$2x+3(6x+9)=2$

$2x+18x+27=2$　　$20x=-25$　　$x=-\dfrac{5}{4}$

② に代入して，$y=-\dfrac{15}{2}+9=\dfrac{3}{2}$

(5) ①×100 より，$3x-4y=25$ ……③

②×10 より，$10x+6y=6$ ……④

③×3　　　$9x-12y=75$

④×2　＋) $20x+12y=12$

　　　　　$29x=87$　　$x=3$

③ に代入して，$9-4y=25$　　$y=-4$

(6) ①×12 より，$3(2x-y)=4(4+x)$

$2x-3y=16$ ……③

②×10 より，$3x=11-2y$　　$3x+2y=11$ ……④

③×3　　　$6x-9y=48$

④×2　−) $6x+4y=22$

　　　　　　$-13y=26$　　$y=-2$

④ に代入して，$3x-4=11$　　$x=5$

2 $2x+y=1$ より，$y=1-2x$ ……①

① を $3x+5y=1$ に代入して，

$3x+5(1-2x)=1$　　$x=\dfrac{4}{7}$

① に代入して，$y=1-\dfrac{8}{7}=-\dfrac{1}{7}$

3 方程式に $x=3$，$y=-1$ を代入すると，

$\begin{cases} 6a+b=5 \ \cdots\cdots ① \\ 3a+4b=-1 \ \ \cdots\cdots ② \end{cases}$

①　　　　　$6a+\ b=5$

②×2　−) $6a+8b=-2$

　　　　　　$-7b=7$　　$b=-1$

① に代入して，$6a-1=5$　　$a=1$

4 Bさんが自転車で走った道のりを x m，歩いた道のりを y m とすると，

$x+y+2000=5600$　　$x+y=3600$ ……①

2 人が移動した時間について，$\dfrac{2000}{80}=\dfrac{x}{200}+\dfrac{y}{60}$

整理すると，$3x+10y=15000$ ……②

①，② を連立方程式として解くと，$x=3000$，$y=600$

これらは問題に適している。

5 Aの定価を x 円，Bの定価を y 円とすると，定価で買ったときの代金の合計から，

$6x+4y=3940$　　$3x+2y=1970$ ……①

割引された価格で買ったときの代金の合計から，

$8(1-0.3)x+5(1-0.2)y=3760$

$7x+5y=4700$ ……②

①，② を連立方程式として解くと，$x=450$，$y=310$

これらは問題に適している。

くわしく!　割引の問題 …………………… チャート式参考書 ≫p.49

6 7 % の食塩水を x g，4 % の食塩水を y g 混ぜたとすると，食塩水の量について，

$x+y-30=150$　　$x+y=180$ ……①

食塩の量について，

$\dfrac{7}{100}x+\dfrac{4}{100}y=\dfrac{6}{100}\times 150$

$7x+4y=900$ ……②

①，② を連立方程式として解くと，$x=60$，$y=120$

これらは問題に適している。

7 百の位の数を x，十の位の数を y とすると，各位の数の和について，$x+y+y=17$

$x+2y=17$ ……①

位の数を入れかえてできる数について，

$100y+10y+x=100x+10y+y-198$

$-x+y=-2$ ……②

①，② を連立方程式として解くと，$x=7$，$y=5$

これらは問題に適している。

第 3 章　**1 次関数**

10 1 次関数とグラフ①

トライ　➡本冊 p.26

1 ア，イ，オ

2 (1) $\dfrac{5}{9}$　(2) -5　(3) -9

3 (1) y の増加量：40

　　変化の割合：5

(2) y の増加量：-6

　　変化の割合：$-\dfrac{3}{4}$

4 右図

7

1 ア $y=4x$

イ $2(x+y)=20$ より，$y=-x+10$

ウ $xy=20$ より，$y=\dfrac{20}{x}$

エ $y=\dfrac{10}{x}$

オ $y=10-4x$ より，$y=-4x+10$

くわしく！ 1次関数の例………………… チャート式参考書 》p.60

2 (1) $\dfrac{2}{3}-\dfrac{1}{9}=\dfrac{5}{9}$

(2) $-9\times\dfrac{2}{3}+1=-5$，$-9\times\dfrac{1}{9}+1=0$，$-5-0=-5$

(3) $-5\div\dfrac{5}{9}=-9$

3 (1) x の増加量は $6-(-2)=8$

$5\times6-1=29$，$5\times(-2)-1=-11$ より，

y の増加量は $29-(-11)=40$

変化の割合は $\dfrac{40}{8}=5$

別解 $y=5x-1$ の変化の割合は 5 で一定なので，

x の増加量が 8 のとき，$\dfrac{y\text{ の増加量}}{8}=5$

y の増加量$=5\times8=40$

4 平行移動したグラフをかくときは，直線の傾きを変えないように注意する。

チャレンジ ➡本冊 p.27

$a=\dfrac{5}{6}$

解説

$\dfrac{y\text{ の増加量}}{x\text{ の増加量}}=\dfrac{5}{3}$

これが $2a$ と等しいので，$2a=\dfrac{5}{3}$　　$a=\dfrac{5}{6}$

---

11 1次関数とグラフ②

トライ ➡本冊 p.28

1 (1) 傾き 3，切片 -5

(2) 傾き $-\dfrac{1}{2}$，切片 $\dfrac{3}{4}$

(3) 傾き 1，切片 0

2 右図

3 グラフは右図

(1) $-4\leqq y\leqq2$

(2) $y\leqq4$

4 (1) $-8\leqq y\leqq6$

(2) $-4\leqq y\leqq8$

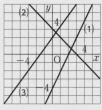

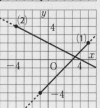

解説

2 (3) 切片が 2 なので，$(0,\ 2)$ を通る。また，傾きが

$\dfrac{4}{3}$ なので，$(0,\ 2)$ から右へ 3，上へ 4 進んだ点

$(3,\ 6)$ を通る。

3 (1) $x=-1$ のとき，$y=-1-3=-4$

$x=5$ のとき，$y=5-3=2$

2点 $(-1,\ -4)$，$(5,\ 2)$ を通る直線をかく。

(2) $x=-4$ のとき，$y=-\dfrac{1}{2}\times(-4)+2=4$

2点 $(-4,\ 4)$，$(0,\ 2)$ を通る直線をかく。

くわしく！ 1次関数のグラフと変域……… チャート式参考書 》p.66

4 (1) $x=-\dfrac{2}{3}$ のとき，$y=3\times\left(-\dfrac{2}{3}\right)-6=-8$

$x=4$ のとき，$y=3\times4-6=6$

(2) $x=-8$ のとき，$y=-\dfrac{3}{4}\times(-8)+2=8$

$x=8$ のとき，$y=-\dfrac{3}{4}\times8+2=-4$

「$8\leqq y\leqq-4$」としてしまわないように注意する。

チャレンジ ➡本冊 p.29

$a=-1$，$b=2$

解説

1次関数 $y=3x-2$ のグラフは右上がりの直線なので，

$x=a$ のとき $y=-5$，$x=b$ のとき $y=4$ である。

よって，$-5=3a-2$　　$a=-1$

$4=3b-2$　　$b=2$

🔢 1次関数の式の求め方

トライ ➡本冊 p.31

1 (1) $y=2x-5$　(2) $y=-\dfrac{3}{4}x+2$

　　(3) $y=\dfrac{1}{3}x+\dfrac{5}{3}$

2 (1) $y=4x-1$　(2) $y=-3x+5$

　　(3) $y=\dfrac{2}{3}x+4$　(4) $y=-x-3$

3 9

解説

1 (3) 点 $(-5, 0)$ から右に 3，上に 1 進む。よって，

傾きは $\dfrac{1}{3}$ なので，$y=\dfrac{1}{3}x+b$ とおける。

$x=-5$ のとき $y=0$ なので，

$0=\dfrac{1}{3}\times(-5)+b$　　$b=\dfrac{5}{3}$

2 (2) $y=ax+5$ とおける。傾きは $\dfrac{-6}{2}=-3$

(3) $y=\dfrac{2}{3}x-2$ に平行なので，$y=\dfrac{2}{3}x+b$ とおける。

$x=-3$ のとき $y=2$ なので，

$2=\dfrac{2}{3}\times(-3)+b$　　$b=4$

<くわしく!> 変化の割合と 1 組の x，y の値から式を求める
……………………………… チャート式参考書 ≫p.70

(4) $\dfrac{-9-0}{6-(-3)}=-1$ より，$y=-x+b$ とおける。

$0=-1\times(-3)+b$　　$b=-3$

別解 直線の式を $y=ax+b$ とする。

$x=-3$，$y=0$ を代入すると，$0=-3a+b$ …… ①

$x=6$，$y=-9$ を代入すると，

$-9=6a+b$ …… ②

①，② を連立方程式として解くと，

$a=-1$，$b=-3$

<くわしく!> 直線が通る 2 点から式を求める… チャート式参考書 ≫p.71

3 変化の割合は $\dfrac{11-(-4)}{2-(-3)}=3$ より，$y=3x+b$ と

おける。$x=2$ のとき $y=11$ なので，

$11=3\times2+b$　　$b=5$　　よって，式は $y=3x+5$

$y=32$ のとき，$32=3x+5$　　$x=9$

チャレンジ ➡本冊 p.31

$a=9$

解説

2 点 $(1, 3)$，$(-2, -3)$ を通る直線の傾きは

$\dfrac{-3-3}{-2-1}=2$

2 点 $(1, 3)$，$(4, a)$ を通る直線の傾きも 2 だから，

$\dfrac{a-3}{4-1}=2$　　$a-3=6$　　$a=9$

<くわしく!> 一直線上にある 3 点………… チャート式参考書 ≫p.190

🔢 1次関数と方程式①

トライ ➡本冊 p.33

1 (1) 右図

　　(2) $x=4$，$y=0$

2 (1) $(-2, 3)$

　　(2) $\left(-\dfrac{2}{3}, \dfrac{5}{3}\right)$

3 $a=2$，$b=5$

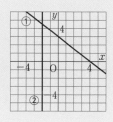

解説

1 (1) ② $x=-2$ のグラフは，$(-2, 0)$ を通って y 軸
に平行な直線である。

<くわしく!> x 軸，y 軸に平行な直線……… チャート式参考書 ≫p.75

(2) $x-2y=4$ のグラフは，
$(0, -2)$，$(4, 0)$ を通
る直線である。(1)① より，
$3x+4y=12$ のグラフと
は点 $(4, 0)$ で交わる。

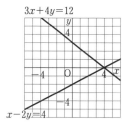

2 (1) 連立方程式 $\begin{cases} y=x+5 \\ y=-2x-1 \end{cases}$ を解く。

y を消去して，$x+5=-2x-1$　　$x=-2$

$y=x+5$ に代入して，$y=-2+5=3$

(2) 直線 ℓ は，傾き -1，切片 1 なので，

式は $y=-x+1$ …… ①

直線 m は，傾き 2，切片 3 なので，

式は $y=2x+3$ …… ②

①，② を連立方程式として解くと，$x=-\dfrac{2}{3}$，$y=\dfrac{5}{3}$

3 $x=3$，$y=b$ を直線の式に代入すると

$\begin{cases} b=3a-1 \\ b=3+a \end{cases}$　　これを解くと，$\begin{cases} a=2 \\ b=5 \end{cases}$

$a=2$

解説

直線 $y=-\dfrac{3}{2}x+6$ と x 軸との交点の x 座標は,

$0=-\dfrac{3}{2}x+6$ の解 $x=4$ である。

よって,交点の座標は $(4,\ 0)$
直線 $y=-ax+8$ は点 $(4,\ 0)$ を通るから,
$0=-4a+8$　　$4a=8$　　$a=2$

⓮ 1次関数と方程式②

1 $a=-2,\ b=3$

2 (1) $(1,\ 3)$　(2) $a=5$

3 $a=-2$

4 (1) $\ell:y=-x+4$　$m:y=2x-1$

　　(2) $y=3x-\dfrac{8}{3}$

解説

1 $a<0$ のとき $y=ax+b$ のグラフは右下がりなので,
$x=-2$ のとき $y=7$,$x=3$ のとき $y=-3$ である。

連立方程式 $\begin{cases} 7=-2a+b \\ -3=3a+b \end{cases}$ を解いて,$a=-2$,$b=3$

くわしく！ 変域から1次関数の式を求める… チャート式参考書 ≫p.78

2 (1) P は $y=2x+1$ と $y=3x$ の交点なので,

連立方程式 $\begin{cases} y=2x+1 \\ y=3x \end{cases}$ を解いて,$x=1$,$y=3$

(2) $y=ax-2$ は $P(1,\ 3)$ を通るので,
$3=a-2$　　$a=5$

3 2 直線は y 軸上で交わるから,2 直線の切片は等しい。よって,$2=-a$　　$a=-2$

4 (1) ℓ：切片が 4 なので,$y=ax+4$ とおける。点 $(4,\ 0)$ を通るので,$0=4a+4$　　$a=-1$
m：切片が -1 なので,$y=ax-1$ とおける。点 $(3,\ 5)$ を通るので,$5=3a-1$　　$a=2$

(2) 2 直線の交点の座標は,連立方程式
$\begin{cases} y=-x+4 \\ y=2x-1 \end{cases}$ の解で,$x=\dfrac{5}{3}$,$y=\dfrac{7}{3}$

求める直線の式は $y=3x+b$ とおける。

$x=\dfrac{5}{3}$,$y=\dfrac{7}{3}$ を代入して,

$\dfrac{7}{3}=3\times\dfrac{5}{3}+b$　　$b=-\dfrac{8}{3}$

$a=3$

解説

3 直線の交点の座標は,連立方程式
$\begin{cases} 3x+4y=2 \\ x-2y=4 \end{cases}$ の解で,$x=2$,$y=-1$

$2x+y=a$ に代入して,$2\times2-1=a$　　$a=3$

⓯ 1次関数の利用

1 (1) $y=-6x+20$　(2) $-10\ ℃$

2 (1) $6900\ \mathrm{m}$　(2) 毎分 $300\ \mathrm{m}$

　　(3) 7 分後と 57 分後

解説

1 (1) 1 km 高くなると 6 ℃ 下がるので,$y=-6x+b$ とおける。$x=2$ のとき $y=8$ なので,
$8=-6\times2+b$　　$b=20$

(2) $-6\times5+20=-10\ (℃)$

2 (1) 高さ $400\ \mathrm{m}$ の A 空港を離陸後,毎分 $500\ \mathrm{m}$ の割合で 13 分間上昇したので,
$400+500\times13=6900\ (\mathrm{m})$

(2) $70-47=23$（分間）に $6900\ \mathrm{m}$ 下降したので,
毎分 $6900\div23=300\ (\mathrm{m})$

(3) 上昇し始めてから高さが $3900\ \mathrm{m}$ になるまでの時間は
$(3900-400)\div500=7$（分）
下降し始めてから高さが $3900\ \mathrm{m}$ になるまでの時間は
$(6900-3900)\div300=10$（分）

よって,離陸してから 7 分後と $47+10=57$（分後）

$y=-3x+27$

解説

台形 ABCM の面積から
$\triangle$ABP と $\triangle$MCP の面積
をひく。AB+BP$=2x$ cm
より,BP$=(2x-6)$ cm
CP=AB+BC$-$(AB+BP)
$=12-2x$ (cm)

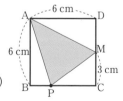

$y=\dfrac{1}{2}\times(3+6)\times6-\dfrac{1}{2}\times(2x-6)\times6-\dfrac{1}{2}$

　　$\times(12-2x)\times3$

$=27-(6x-18)-(18-3x)=-3x+27$

1 (1) $\dfrac{3}{4}$　(2) 9

2 右図

3 (1) $\ell : y = -\dfrac{3}{2}x + 3$

　　　$m : y = \dfrac{1}{3}x - 4$

　(2) $\left(\dfrac{42}{11}, -\dfrac{30}{11}\right)$

4 $a = -12$, $b = -2$

5 (1) 1050 m

　(2) $y = 50x + 100$

6 右図

7 $7 \leqq x \leqq 11$ のとき
　　$y = -x + 11$

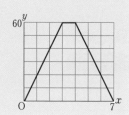

解説

1 (2) $x = -4$ のとき，$y = \dfrac{3}{4} \times (-4) - 5 = -8$

　$x = 8$ のとき，$y = \dfrac{3}{4} \times 8 - 5 = 1$　　$1 - (-8) = 9$

　別解　y の増加量を t とおくと，$\dfrac{t}{8-(-4)} = \dfrac{3}{4}$

　$t = \dfrac{3}{4} \times 12 = 9$

3 (1) ℓ：切片は 3 で，$(0, 3)$ から右へ 2，下へ 3 進

　むので，傾きは $-\dfrac{3}{2}$

　m：切片が -4 なので，$y = ax - 4$ とおける。

　点 $(3, -3)$ を通るので，$-3 = 3a - 4$　　$a = \dfrac{1}{3}$

　(2) y を消去して，$-\dfrac{3}{2}x + 3 = \dfrac{1}{3}x - 4$

　$-9x + 18 = 2x - 24$　　$x = \dfrac{42}{11}$

　$y = \dfrac{1}{3}x - 4$ に代入して，

　$y = \dfrac{1}{3} \times \dfrac{42}{11} - 4 = -\dfrac{30}{11}$

4 2 点 A，B は $y = \dfrac{a}{x}$ のグラフと $y = -2x + b$ のグ

　ラフ上にあるから，

　$x = -3$ のとき　$\dfrac{a}{-3} = 6 + b$ …… ①

　$x = 2$ のとき　$\dfrac{a}{2} = -4 + b$ …… ②

　①，② を連立方程式として解くと，

　$a = -12$, $b = -2$

5 (1) $70 \times 15 = 1050$ (m)

　(2) コンビニから書店までの道のりは

　　$1500 - 1050 = 450$ (m)

　　$28 - 19 = 9$（分間）に 450 m 移動したので，

　　分速は $450 \div 9 = 50$ (m)

　　よって，求める式は $y = 50x + b$ とおける。

　　$x = 19$ のとき $y = 1050$ なので，

　　$1050 = 50 \times 19 + b$　　$b = 100$

6 列車の速さは $(80 + 60) \div 7 = 20$ より 秒速 20 m

　x と y の関係を式で表すと，

　$0 \leqq x \leqq 3$ のとき $y = 20x$，$3 \leqq x \leqq 4$ のとき $y = 60$

　$4 \leqq x \leqq 7$ のとき，列車は一定の速さで走るから，

　$y = -20x + b$ とおける。7 秒後にトンネルを出て

　しまうことから，$x = 7$ のとき $y = 0$ となるので，

　$0 = -20 \times 7 + b$　　$b = 140$

　したがって，$y = -20x + 140$

7 点 P が辺 BF 上を動くのは $0 \leqq x \leqq 4$ のときで，辺

　FG 上を動くのは $4 + 3 = 7$ より $4 \leqq x \leqq 7$ のとき。

　よって，点 P が辺 GC 上を動くのは，$7 + 4 = 11$ よ

　り，$7 \leqq x \leqq 11$ のときである。

　$BF + FG + GP = x$ (cm) なので，

　$PC = 4 + 3 + 4 - x = 11 - x$ (cm)

　$y = \dfrac{1}{2} \times 3 \times 2 \times (11 - x) \times \dfrac{1}{3} = -x + 11$

第4章　図形の性質と合同

16 平行線と角

トライ　➡本冊 p.40

1 $\angle a = 20°$, $\angle b = 50°$, $\angle c = 70°$

2 (1) $\angle x = 75°$, $\angle y = 105°$

　(2) $\angle x = 128°$, $\angle y = 53°$

3 $a /\!/ c$, $e /\!/ f$

4 (1) $\angle x = 58°$, $\angle y = 58°$

　(2) $\angle x = 245°$, $\angle y = 65°$

解説

1 対頂角は等しいので，

　$40° + \angle c + 50° + 20° = 180°$　　$\angle c = 70°$

2 (1) $\angle x + 65° + 40° = 180°$　　$\angle x = 75°$

　$\angle y = 180° - 75° = 105°$

　(2) $\angle x = 180° - 52° = 128°$

　$\angle y = 128° - 75° = 53°$

くわしく！　同位角，錯角 …………………… チャート式参考書 ≫p.92

3 a, c と d について，同位角がともに $120°$ で等しい。また，e, f と b について，同位角が $75°$ で等しい。

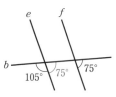

4 (1) 平行線の同位角は等しいので，
$k /\!/ m$ より，$\angle x = 180° - 122° = 58°$

(2) 平行線の同位角は等しいので，$\ell /\!/ n$ より，
$\angle x = 180° + 65° = 245°$
$k /\!/ m$ より，$\angle y = 65°$

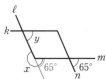

> **チャレンジ** ➡本冊 p.41
> $\angle a = 20°$，$\angle b = 60°$，$\angle c = 100°$

> **解 説**

対頂角は等しいので，$\angle a + \angle b + \angle c = 180°$
$\angle a + 3 \times \angle a + 5 \times \angle a = 180°$　$\angle a = 20°$

17 三角形の角①

> **トライ** ➡本冊 p.43

1 (1) $110°$　(2) $24°$

2 (1) $\angle x = 43°$，$\angle y = 59°$
　　(2) $\angle x = 80°$，$\angle y = 95°$

3 (1) $50°$　(2) $52°$

4 (1) 鋭角三角形　(2) 直角三角形
　　(3) 鈍角三角形　(4) 鋭角三角形

> **解 説**

1 三角形の内角の和や外角の性質を利用する。
(1) $\angle x = (180° - 130°) + 60° = 110°$
(2) $\angle x + 60° = 48° + (180° - 60° - 84°)$
　　$\angle x + 60° = 84°$　$\angle x = 24°$

2 (1) $\angle x = 85° - (180° - 102° - 36°) = 43°$
　　$\angle y + 43° = 102°$　$\angle y = 59°$
(2) $\angle x = 30° + 50° = 80°$
　　$\angle y = 80° + 15° = 95°$

3 (1) $60° + 35° = \angle x + 45°$
　　$\angle x = 50°$

(2) $25° + (\angle x + 41°) = 118°$
　　$\angle x = 52°$

> くわしく！　三角形の外角の利用 ………… チャート式参考書 》》p.99

4 残りの角の大きさを求めると次のようになる。
(1) $83°$　(2) $90°$　(3) $110°$　(4) $85°$

> **チャレンジ** ➡本冊 p.43
> (1) $15°$　(2) 鈍角三角形

> **解 説**

(1) $\angle A = \dfrac{1}{1+4+7} \times 180° = 15°$

(2) $\angle B = 4 \times \angle A = 60°$，$\angle C = 7 \times \angle A = 105°$

18 三角形の角②

> **トライ** ➡本冊 p.44

1 (1) $246°$　(2) $96°$　(3) $55°$　(4) $97°$

2 (1) 正十八角形　(2) 正十二角形　(3) 正八角形

3 (1) $96°$　(2) $75°$　(3) $48°$　(4) $35°$

> **解 説**

1 ℓ, m に平行な直線をひいて，同位角や錯角を利用する。
(1) $\angle x = 125° + (180° - 59°) = 246°$
(2) $\angle x = 135° - (180° - 141°) = 96°$
(3) $\angle x = (80° - 45°) + 20° = 55°$

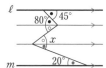

(4) $\angle x = 78° - (180° - 115°) + (180° - 96°) = 97°$

> くわしく！　平行線と折れ線と角 ………… チャート式参考書 》》p.101

2 (1) $160° \times n = 180° \times (n-2)$　$n = 18$

> **別解** 外角で考えると，
> $(180° - 160°) \times n = 360°$　$n = 18$

(2) 1つの外角の大きさを x とすると，
　　$\angle x + 5 \times \angle x = 180°$　$\angle x = 30°$
　　$30° \times n = 360°$　$n = 12$

(3) $(\angle x + 90°) + \angle x = 180°$　$\angle x = 45°$
　　$45° \times n = 360°$　$n = 8$

> くわしく！　多角形の内角・外角 ………… チャート式参考書 》》p.102

3 (1) $(180° - \angle x) + (180° - 130°) + 80° + 76° + 70° = 360°$
　　$456° - \angle x = 360°$　$\angle x = 96°$

(2) 五角形の内角の和は $180° \times (5-2) = 540°$
　　$540° - 132° - 108° - 113° - 115° = 72°$
　　$72° + (180° - \angle x) + 45° + 138° = 360°$
　　$435° - \angle x = 360°$　$\angle x = 75°$

(3) $360°-41°-107°-86°=126°$
 $\angle x=102°-(180°-126°)$
 $=48°$

(4) $\angle x+(41°+48°)+(25°+31°)$
 $=180°$
 $\angle x+145°=180°$
 $\angle x=35°$

チャレンジ ➡本冊 p.45

30°

解説

$\angle x+\angle y+(180°-\angle z)=360°$ から,
$\angle x+9\times\angle x-4\times\angle x=180°$
$6\times\angle x=180°$　$\angle x=30°$

19 三角形の角③

トライ ➡本冊 p.47

1 (1) 50°　(2) 48°　(3) 88°

2 26°

3 70°

解説

1 (1) $39°+(180°-127°)$
 $=180°-(\angle x+38°)$
 $92°=142°-\angle x$
 $\angle x=50°$

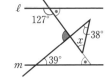

(2) $\angle x+34°=37°+45°$
 $\angle x=48°$

(3) $\angle x=(110°-47°)+25°$
 $=88°$

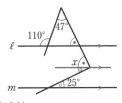

2 正五角形の 1 つの内角の大きさは,
 $180°\times(5-2)\div5=108°$
 △BCD は二等辺三角形なので,
 $\angle CBD=\angle CDB=(180°-108°)\div2=36°$
 錯角は等しいので,
 $108°-36°-10°=\angle x+36°$　$\angle x=26°$

3 $\angle EFG=180°-125°=55°$
 錯角は等しいので, $\angle DEF=\angle EFG=55°$
 折って重なる角は等しいので,
 $\angle GEF=\angle DEF=55°$
 三角形の外角の性質から, $\angle EGB=55°+55°=110°$

よって, $\angle BGD'=180°-110°=70°$

チャレンジ ➡本冊 p.47

35°

解説

$\angle ACD=\angle DCB=\angle a$, $\angle ABD=\angle DBE=\angle b$
とすると, △ABC において, $2\times\angle a+70°=2\times\angle b$
よって, $\angle b-\angle a=35°$
△BCD において, $\angle x+\angle a=\angle b$
$\angle x=\angle b-\angle a=35°$

20 三角形の合同

トライ ➡本冊 p.48

1 (1) 4 cm　(2) 70°　(3) 59°

2 △ABC≡△NOM
 3 組の辺がそれぞれ等しい
 △DEF≡△KLJ
 2 組の辺とその間の角がそれぞれ等しい
 △GHI≡△QPR
 1 組の辺とその両端の角がそれぞれ等しい

3 (1) △ABD≡△ACD
 1 組の辺とその両端の角がそれぞれ等しい
 (2) △ABC≡△DCB
 3 組の辺がそれぞれ等しい
 (3) △ABC≡△DCB
 2 組の辺とその間の角がそれぞれ等しい
 (4) △ABC≡△CDA
 1 組の辺とその両端の角がそれぞれ等しい

解説

1 対応する辺や角を見つける。
(1) $EF=AB=4$ cm
(2) $\angle H=\angle D=70°$
(3) $\angle F=\angle B=360°-(146°+85°+70°)=59°$

2 △GHI で, $\angle I=180°-(50°+90°)=40°$
 △QPR で, $\angle Q=180°-(50°+40°)=90°$
 よって, $GI=QR$, $\angle I=\angle R$, $\angle G=\angle Q$

チャレンジ ➡本冊 p.49

AB=DE（∠C=∠F）

解説

2 組の辺とその間の角がそれぞれ等しいか, 1 組の辺
とその両端の角がそれぞれ等しければよい。

㉑ 証明

1 (1) △OAC と △OBD

(2) △OAC と △OBD において,
仮定より, OA＝OB …… ①
対頂角は等しいから,
　∠AOC＝∠BOD …… ②
平行線の錯角は等しいから,
　∠OAC＝∠OBD …… ③
①, ②, ③ より, 1 組の辺とその両端の
角がそれぞれ等しいから,
　△OAC≡△OBD
合同な図形では, 対応する線分の長さが等
しいから,
　AC＝BD

2 (1) 仮定：∠ADO＝∠CBO
結論：∠DAO＝∠BCO

(2) △ADO において,
　∠DAO＝180°−(∠ADO＋∠AOD)
　　　　　　　　　　　　　…… ①
△CBO において,
　∠BCO＝180°−(∠CBO＋∠COB)
　　　　　　　　　　　　　…… ②
仮定より, ∠ADO＝∠CBO …… ③
対頂角は等しいから,
　∠AOD＝∠COB …… ④
①, ②, ③, ④ より, ∠DAO＝∠BCO

解説

1 (1) 2 つの線分の長さが等しいことを証明するときは,
図形の合同を示す方法がよく使われる。

(2) 平行な線分が与えられていることから, 同位角や錯
角の性質が使えるかもしれないと考える。示す合同
条件は,「2 組の辺とその間の角がそれぞれ等しい」
か,「1 組の辺とその両端の角がそれぞれ等しい」の
どちらかである。

2 (2) ∠DAO や ∠BCO の大きさを直接求めること
はできないが, 同じ大きさであることは証明できる。
なお, △ADO と △CBO は, 3 組の角がそれぞれ
等しいが, 合同とはいえない。

くわしく！ 三角形の合同条件 ……………… チャート式参考書 ≫p.110

△APQ と △BPQ にお
いて, 仮定より,
AP＝BP …… ①
AQ＝BQ …… ②
共通の辺だから,
PQ＝PQ …… ③
①, ②, ③ より, 3 組の辺がそれぞれ等しいか
ら, △APQ≡△BPQ
合同な図形では, 対応する角の大きさが等しいか
ら, ∠APQ＝∠BPQ
∠APB＝180° より, ∠APQ＝∠BPQ＝90°

解説

証明の ① や ② は, コンパスを使っていることからいえ
る。1 年生で学習した方法で, たしかに垂線が作図で
きるということがわかる。

確認問題④ ➡本冊 p.52

1 ∠a＝35°, ∠b＝110°, ∠c＝110°

2 (1) a∥d, b∥e (2) ∠x＝69°, ∠y＝104°

3 (1) 十一角形 (2) 正十五角形

4 (1) 56° (2) 105° (3) 46° (4) 100°

5 360°

6 イ, ウ

7 (1) 仮定：n が自然数である
　　結論：2n＋1 は奇数である

(2) 仮定：正五角形である
　　結論：内角の和は 540° である

8 (1) △OAE と △OBF

(2) △OAE と △OBF において,
　円の半径だから, OA＝OB …… ①
　　　　　　　　　　　OE＝OF …… ②
また, ∠AOE＝∠AOB＋∠BOE
　　　∠BOF＝∠COD＋∠BOE
仮定より, ∠AOB＝∠COD だから,
　∠AOE＝∠BOF …… ③
①, ②, ③ より, 2 組の辺とその間の角
がそれぞれ等しいから,
　△OAE≡△OBF
合同な図形では, 対応する線分の長さが等
しいから, AE＝BF

① 対頂角は等しいので，$\angle a = \cdot = 35°$，
$\angle b = \angle c = 180° - (35° + 35°) = 110°$

② (1) a，d と f について，同位角がどちらも $70°$ で等しい。また，b，e と g について，同位角がどちらも $63°$ で等しい。

(2) 平行線の同位角は等しい。
$a /\!/ d$ より，$\angle x = 180° - 111° = 69°$
$b /\!/ e$ より，$\angle y = 180° - 76° = 104°$

③ (1) $180° \times (n - 2) = 1620°$　　$n = 11$

(2) $24° \times n = 360°$　　$n = 15$

④ (1) $\angle x = (180° - 144°) + (40° - 20°) = 56°$

(2) $45° + 30° + \angle x = 180°$　　$\angle x = 105°$

(3) $\angle x + (180° - 94°) + 34° + 64° + (180° - 98°) + 48°$
$= 360°$
$\angle x + 314° = 360°$　　$\angle x = 46°$

(4) $\angle x = 20° + (55° + 25°) = 100°$

⑤ 印のついた角の和は，真ん中の三角形の 3 つの外角の和に等しく $360°$ である。

⑥ ア 残りの辺の長さと角の大きさが異なる場合がある。
イ 2 組の辺とその間の角がそれぞれ等しい。
ウ 1 組の辺とその両端の角がそれぞれ等しい。
エ 辺の長さが異なる場合がある。

⑧ $\angle AOE$ も $\angle BOF$ も，$\angle BOE$ を共通にふくんでいる。それぞれの $\angle BOE$ を除いた部分である $\angle AOB$ と $\angle COD$ が等しいので，
$\angle AOE = \angle BOF$ であるといえる。

第 5 章　三角形と四角形

㉒ 三角形①

トライ　➡本冊 p.54

1 (1) $40°$　(2) $35°$

2 (1) $\triangle ABD$ と $\triangle ACD$ において，
$AD = AD$（共通）
仮定より，$AB = AC$，$\angle BAD = \angle CAD$
2 組の辺とその間の角がそれぞれ等しいから，
$\triangle ABD \equiv \triangle ACD$
よって，$BD = CD$

(2) (1)より，$\triangle ABD \equiv \triangle ACD$
よって，$\angle ADB = \angle ADC$
$\angle BDC = 180°$ だから，
$\angle ADB = \angle ADC = 90°$
したがって，$AD \perp BC$

3 $48°$

---

1 (1) $\angle x = 80° \div 2 = 40°$

(2) $2 \times \angle x = 70°$　　$\angle x = 35°$

2 (1)と(2)をあわせると，次のことがいえる。
二等辺三角形の頂角の二等分線は，底辺を垂直に 2 等分する。

3 $\angle CBD = 22° \times 2 = 44°$
$\angle CDB = \angle CBD = 44°$
$\angle ECD = 22° + 44° = 66°$
$\angle CDE = 180° - 66° \times 2 = 48°$

くわしく! 二等辺三角形の性質と角の大きさ

$\cdots\cdots\cdots\cdots\cdots\cdots\cdots\cdots\cdots\cdots\cdots\cdots\cdots\cdots$ チャート式参考書 ≫p.126

チャレンジ　➡本冊 p.55

$\triangle ABC$ において，$\angle B = \angle C$ と仮定する。
$\angle A$ の二等分線と辺 BC との交点をDとする。
$\triangle ABD$ と $\triangle ACD$ において，仮定より，
$\angle ABD = \angle ACD$，$\angle BAD = \angle CAD$
このことと，三角形の内角の和が $180°$ だから，
$\angle ADB = \angle ADC$
また，共通な辺だから，$AD = AD$
1 組の辺とその間の角がそれぞれ等しいから，
$\triangle ABD \equiv \triangle ACD$
よって，$AB = AC$
したがって，$\triangle ABC$ は二等辺三角形である。

解説

頂点の文字が具体的に与えられていないので，条件に合うように自分で設定する。

㉓ 三角形②

トライ　➡本冊 p.56

1 仮定から，$\angle ABE = \angle CBF$，
$\angle BAE = \angle BCF$
三角形の内角と外角の性質より，
$\angle AEF = \angle ABE + \angle BAE$
$\angle AFE = \angle CBF + \angle BCF$
よって，$\angle AEF = \angle AFE$
したがって，$\triangle AEF$ は，$\angle AEF = \angle AFE$
の二等辺三角形だから，$AE = AF$ である。

2 $\triangle DAB$ と $\triangle EAC$ において，仮定より，
$\angle DAB = \angle EAC$，$AB = AC$，$DA = EA$
2 組の辺とその間の角がそれぞれ等しいから，

△DAB≡△EAC

よって，BD＝CE

3 正三角形

4 △ABD と △BCE において，

仮定より，AB＝BC，BD＝CE

∠ABD＝∠BCE＝60°

2 組の辺とその間の角がそれぞれ等しいから，

△ABD≡△BCE

同様に考えて，△BCE≡△CAF

よって，∠BAD＝∠CBE＝∠ACF

解説

1 p. 55 で証明した，「2 つの角が等しい三角形は二等辺三角形である」という性質を利用している。

3 AE∥BC から，∠EAD＝∠ACB＝60°

AD＝AE だから，△ADE の 3 つの角は，すべて60° になる。よって，△ADE は正三角形。

くわしく！ 正三角形の性質 ………………… チャート式参考書 ≫p.129

4 △BCE≡△CAF の証明は，△ABD≡△BCE と同じように証明できるので，「同様に考えて」として，その証明を省略している。

チャレンジ ➡本冊 p.57

∠CBP＋∠ABP＝60°

∠APE＝∠BAP＋∠ABP

4より，∠BAD＝∠CBE

したがって，∠APE＝∠RPQ＝60°

同様に考えて，∠PQR＝∠QRP＝60°

よって，△PQR は正三角形である。

解説

∠APE＝∠BAP＋∠ABP は，△ABP における内角と外角の性質からいえる。

24 三角形③

トライ ➡本冊 p.59

1 (1) △DBM と △ECM において，

仮定より，MB＝MC，

∠BDM＝∠CEM＝90°，

∠DBM＝∠ECM

直角三角形の斜辺と 1 つの鋭角がそれぞれ等しいから，△DBM≡△ECM

よって，MD＝ME

(2) 二等辺三角形

2 △AFD と △DGC において，仮定より，

DA＝CD，∠AFD＝∠DGC＝90°

また，∠ADF＋∠CDG＝90°

∠ADF＋∠DAF＝90°

したがって，∠DAF＝∠CDG

直角三角形の斜辺と 1 つの鋭角がそれぞれ等しいから，△AFD≡△DGC

よって，AF＝DG

3 正しい。

解説

1 (1) 直角三角形の合同条件を使うときは，1 つの内角が 90° であることを必ず示す。

(2)(1)より，DB＝EC

これと AB＝AC から，AD＝AE

よって，△ADE は AD＝AE の二等辺三角形。

3 逆は「∠A＝∠D，∠B＝∠E，BC＝EF ならば △ABC≡△DEF」

∠A＝∠D，∠B＝∠E なら ∠C＝∠F だから，△ABC と △DEF は 1 組の辺とその両端の角がそれぞれ等しい。よって，△ABC≡△DEF

チャレンジ ➡本冊 p.59

(1) △ABD と △CAE において，仮定より，

AB＝CA，∠BDA＝∠AEC＝90°

また，∠BAD＋∠ABD＝90°

∠BAD＋∠CAE＝90°

よって，∠ABD＝∠CAE

直角三角形の斜辺と 1 つの鋭角がそれぞれ等しいから，△ABD≡△CAE

(2)(1)から，BD＝AE＝AD＋DE＝CE＋ED

解説

くわしく！ 線分の長さの和と証明 ……… チャート式参考書 ≫p.136

25 四角形①

トライ ➡本冊 p.61

1 (1) ∠x＝59°，∠y＝121°

(2) ∠x＝43°，∠y＝52°

2 △OAE と △OCF において，

仮定より，AE＝CF

また，AB∥DC から，

16

∠OAE＝∠OCF，∠OEA＝∠OFC

1組の辺と両端の角がそれぞれ等しいから，

△OAE≡△OCF

よって，OE＝OF

3 AB∥DE より，∠BAE＝∠DEA

仮定より，∠BAE＝∠DAE

したがって，△DAE は，∠DAE＝∠DEA

の二等辺三角形だから，AD＝ED

平行四辺形の対辺だから，AD＝BC

よって，BC＝ED

解説

1 平行四辺形の対角は等しい。

(1) AD∥BC より，∠AEB＝∠DAE＝59°

AB＝AE より，∠ABE＝∠AEB＝59°

∠x＝∠ABE＝59°

∠BAE＝180°－59°×2＝62°

∠y＝∠BAD＝59°＋62°＝121°

(2) AD＝AE より，∠EAD＝180°－64°×2＝52°

∠x＝∠BAD－52°＝95°－52°＝43°

∠y＝∠EAD＝52°

くわしく！ 平行四辺形と角の大きさ……… チャート式参考書 ≫p.142

2 定義より，平行四辺形の2組の対辺はそれぞれ平行である。

3 BC や ED をふくむ合同な三角形がないので，二等辺三角形の性質を使って線分の長さが等しいことを証明する。

チャレンジ ➡本冊 p.61

△ABC と △EAD において，

仮定より，AB＝AE

二等辺三角形の底角は等しいから，

∠ABE＝∠AEB

AD∥BC より，∠AEB＝∠EAD

よって，∠ABC＝∠EAD

平行四辺形の対辺は等しいから，BC＝AD

2組の辺とその間の角がそれぞれ等しいから，

△ABC≡△EAD

したがって，∠ACB＝∠ADE

解説

平行四辺形の2組の対辺はそれぞれ平行で，その長さは等しい。

26 四角形②

トライ ➡本冊 p.62

1 ア，イ，エ

2 △AEH と △CGF において，

仮定より，AE＝CG，AH＝CF

平行四辺形の対角は等しいから，∠A＝∠C

2組の辺とその間の角がそれぞれ等しいから，

△AEH≡△CGF

同様に考えて，△BFE≡△DHG

よって，EH＝GF，FE＝HG

2組の対辺がそれぞれ等しいから，四角形

EFGH は平行四辺形である。

3 (1) AB＝DC，AE＝FC より，BE＝FD

また，BE∥FD

よって，1組の対辺が平行でその長さが等しいから，四角形 EBFD は平行四辺形である。

(2) (1)より，EP∥QF

また，AE∥FC，AE＝FC より，1組の対辺が平行でその長さが等しいから，四角形 AECF は平行四辺形である。よって，PF∥EQ

したがって，2組の対辺がそれぞれ平行だから，四角形 EQFP は平行四辺形である。

解説

1 イ AD∥BC より，右の図で，★＝∠C

さらに ∠A＝∠C より，

★＝∠A

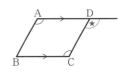

同位角が等しいから，AB∥DC

2組の対辺がそれぞれ平行だから，平行四辺形である。

ウ 右の図のようになる場合もある。

くわしく！ 平行四辺形になる条件……… チャート式参考書 ≫p.144

チャレンジ ➡本冊 p.63

△BEF と △DGH において，

仮定より，BE＝DG，BF＝DH

AB∥DC より，∠EBF＝∠GDH

2組の辺とその間の角がそれぞれ等しいから，

△BEF≡△DGH

よって，EF＝GH，∠BFE＝∠DHG

第2式より，∠EFH＝∠GHF

錯角（さっかく）が等しいから，EF∥HG

したがって，1組の対辺が平行でその長さが等

しいから，四角形 EFGH は平行四辺形である。

解説

「2直線が平行ならば錯角は等しい」は逆も成り立つ。

すなわち，錯角が等しければ2直線は平行である。

27 四角形③

トライ ➡本冊 p.65

1 (1) 長方形　(2) ひし形　(3) 長方形　(4) 正方形

2 (1) 二等辺三角形　(2) 104°

3 △FBC と △EDC において，

　　正方形の内角だから，∠B＝∠D＝90°

　　正方形の辺だから，BC＝DC

　　正三角形の辺だから，FC＝EC

　　直角三角形の斜辺（しゃへん）と他の1辺がそれぞれ等し

　　いから，△FBC≡△EDC

　　よって，BF＝DE

解説

1 (3) 平行四辺形の対角は等しいので，

　　∠A＋∠C＝180° のとき，∠A＝∠C＝90°

　　また，∠B＋∠D＝360°−180°＝180° だから，同

　　様にして ∠B＝∠D＝90°

2 (1) 仮定から，BA＝BC＝BE

　　よって，△BAE は BA＝BE の二等辺三角形。

(2) AB∥DC より，∠BAE＝∠EFD＝82°

　　(1)より，∠ABE＝180°−82°×2＝16°

　　∠ABC＝16°＋60°＝76°

　　したがって，∠BCD＝(360°−76°×2)÷2＝104°

チャレンジ ➡本冊 p.65

　△AEH と △BEF において，

　仮定より，AE＝BE

　H，F は長方形の辺の中点だから，

　2AH＝AD＝BC＝2BF

　よって，AH＝BF

　長方形の内角だから，∠A＝∠B

　2組の辺とその間の角がそれぞれ等しいから，

△AEH≡△BEF

同様に考えて，△BEF≡△CGF，

△CGF≡△DGH だから，

HE＝FE＝FG＝HG

4つの辺が等しいから，四角形 EFGH はひし

形である。

解説

長方形は，平行四辺形の性質「対辺の長さが等しい」を

もっている。つまり，AD＝BC だから，H，F が線

分 AD，BC の中点のとき，AH＝BF となる。

くわしく！　特別な平行四辺形…………　チャート式参考書 ≫p.139

28 四角形④

トライ ➡本冊 p.66

1 △ABC，△ADE，△DBC

2 △ABP＝△ABM＋△PBM

　　△ACP＝△ACM＋△PCM

　　底辺 BM と CM の長さが等しく，高さも等

　　しいから，△ABM＝△ACM，

　　△PBM＝△PCM

　　したがって，△ABP＝△ACP

3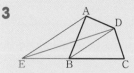

4 点Cを通り，線分

　　BE に平行な直線を

　　ひき，辺 DE との交

　　点をPとすればよい。

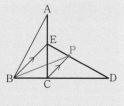

　　(証明) BE∥CP

　　とする。

　　四角形 ABPE＝△BEA＋△BEP

　　BE∥CP より，△BEP＝△BEC

　　したがって，

　　四角形 ABPE＝△BEA＋△BEC＝△ABC

　　また，△PBD＝△PCB＋△PCD

　　BE∥CP より，△PCB＝△PCE

　　よって，

　　△PBD＝△PCE＋△PCD＝△DEC

　　仮定より，△ABC＝△DEC だから，

　　四角形 ABPE＝△PBD

1 AB∥EC から，△ABE＝△ABC
AD∥BC から，△ABC＝△DBC
AE∥BD から，△ABE＝△ADE

3 点 A を通り対角線 BD に平行な直線をひき，直線
BC との交点を E とする。このとき，△ABD と
△EBD は底辺を BD とすると高さが等しいから
△ABD＝△EBD

4 平行線をひき，等積変形を利用する。

くわしく！ 等積変形の応用 ………………… チャート式参考書 ≫p.222

チャレンジ ➡本冊 p.67

14

解 説

AD∥BE，AD＝BE より，1 組の対辺が平行でその
長さが等しいから，四角形 ABED は平行四辺形であ
る。AE＝2AF より，
△ABE＝2△ABF＝6
平行四辺形 ABED
＝2△ABE＝12

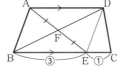

BC＝$\frac{4}{3}$AD＝$\frac{4}{3}$BE から，BE：BC＝3：4
よって，BE：EC＝3：1
△ABE と △DEC は底辺をそれぞれ BE，EC とす
ると高さが等しいから，△DEC＝$\frac{1}{3}$△ABE＝2
よって，
四角形 ABCD＝平行四辺形 ABED＋△DEC
＝12＋2＝14

確認問題⑤ ➡本冊 p.68

1 (1) ∠x＝46°，∠y＝88°
　(2) ∠x＝104°，∠y＝52°

2 (1) △ABC と △ADE はともに正三角形だ
から，
　　∠BAD＝60°－∠CAD，
　　∠CAE＝60°－∠CAD
　　よって，∠BAD＝∠CAE
　(2) △ABD と △ACE において，
　　(1)より，∠BAD＝∠CAE
　　△ABC は正三角形だから，AB＝AC
　　△ADE は正三角形だから，AD＝AE

2 組の辺とその間の角がそれぞれ等しいか
ら，△ABD≡△ACE
よって，BD＝CE

3 B と E を結ぶ。△ABE と △DBE において，
BE＝BE（共通）
仮定より，AB＝DB，
∠EAB＝∠EDB＝90°
直角三角形の斜辺と他の 1 辺がそれぞれ等し
いから，△ABE≡△DBE
よって，∠ABE＝∠DBE
したがって，線分 BE は ∠ABC の二等分
線である。

4 (1) 110°　(2) 8 cm

5 △ABE と △CDF において，仮定から，
AB＝CD，∠AEB＝∠CFD＝90°
AB∥DC から，∠ABE＝∠CDF
直角三角形の斜辺と 1 つの鋭角がそれぞれ等
しいから，△ABE≡△CDF
よって，AE＝CF
また，AE∥CF
したがって，1 組の対辺が平行でその長さが
等しいから，四角形 AECF は平行四辺形で
ある。

6 仮定より，AE＝EC，DE＝EF
対角線がそれぞれの中点で交わっているから，
四角形 ADCF は平行四辺形である。
二等辺三角形の頂点から底辺にひいた中線は
底辺と垂直に交わるから，∠ADC＝90°
よって，平行四辺形 ADCF は長方形である。

7 AB∥DF で，辺 FC が共通だから，
△AFC＝△BCF
△EFC は共通だから，△AEC＝△BEF

解 説

1 (1) 2 辺が等しいので，△ABC，△DAC は二等辺
三角形である。
∠x＝180°－67°×2＝46°
∠y＝180°－46°×2＝88°
(2) 4 辺が等しいので，四角形 ABCD はひし形である。
∠BEC＝(180°－28°)÷2＝76°
∠x＝28°＋∠ECD＝28°＋76°＝104°
∠y＝(180°－76°)÷2＝52°

2 正三角形は 3 つの辺と角がそれぞれすべて等しい。

④ (1) ∠BCD＝(360°－70°×2)÷2＝110°

(2) OD＝16÷2＝8 (cm)

⑥ 二等辺三角形では，次の直線はすべて一致する。

・頂角の二等分線

・頂点から底辺にひいた中線

・頂点から底辺にひいた垂線

・底辺の垂直二等分線

⑦ △AFC＝△AEC＋△EFC，

△BCF＝△BEF＋△EFC であり，どちらも

△EFC を共通にふくむから，△AEC＝△BEF

となる。

第6章 データの活用

㉙ データの活用

トライ ➡本冊 p.70

1 (1) 中央値：**24** 四分位範囲：**4**

(2) 中央値：**70** 四分位範囲：**4**

2 (1)

最小値	第1四分位数	中央値	第3四分位数	最大値
11	12	14	16	19

(2)

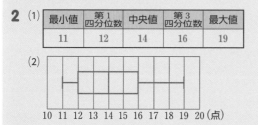

10 11 12 13 14 15 16 17 18 19 20 (点)

3 (1) **2班** (2) **1班** (3) **3班**

解説

1 データを大きさの順に並べて，半分に分ける。小さい方のデータの中央値が第1四分位数，大きい方のデータの中央値が第3四分位数になる。

(1) 19 20 **22** 22 23 **24** 25 25 **26** 30 33

四分位範囲は，26－22＝4

(2) 68 69 ● 69 69 ● 71 72 ● 74 74

中央値は，$\dfrac{69＋71}{2}＝70$

四分位範囲は，$\dfrac{72＋74}{2}－\dfrac{69＋69}{2}＝4$

くわしく！ 四分位数 ……………… チャート式参考書 >>p.161

2 (2) 第1四分位数を左端，第3四分位数を右端とする長方形（箱）をかいたら，箱の中に中央値を示す縦線をひく。最小値，最大値を示す縦線をひいたら，箱と線分（ひげ）で結ぶ。

3 20人のデータなので，

最小値から第1四分位数までに5人，

第1四分位数から中央値までに5人，

中央値から第3四分位数までに5人，

第3四分位数から最大値までに5人のデータがある。

(1) 箱の長さがもっとも短い班を選ぶ。

(2) 中央値が 25 kg 以上の班を選ぶ。

(3) 第1四分位数が 19 kg 未満の班を選ぶ。

くわしく！ 箱ひげ図の読みとり ………… チャート式参考書 >>p.166

チャレンジ ➡本冊 p.71

中央値：**87** 第1四分位数：**80**

解説

a，b 以外のデータを大きさの順に並べると，

78，79，80，83，85，90，92，94

データは全部で 10 個なので，第3四分位数は最大値から3個目のデータである 90 点であり，これは条件に合っている。よって，a，b は第3四分位数以下の値である。

平均値が 86 点であることから，

$78＋79＋80＋83＋85＋90＋92＋94＋a＋b＝86×10$

$a＋b＝179$

a，b が 90 以下であることと $a<b$ から，$a＝89$，$b＝90$

よって，

78，79，80，83，85，89，90，90，92，94

の中央値と第1四分位数を求めればよい。

第7章 確率

㉚ 確率①

トライ ➡本冊 p.73

1 (1) $\dfrac{1}{3}$ (2)① $\dfrac{1}{4}$ ② $\dfrac{7}{8}$

2 (1) $\dfrac{1}{8}$ (2) $\dfrac{3}{8}$

3 (1) $\dfrac{1}{12}$ (2) $\dfrac{2}{9}$

4 (1) $\dfrac{1}{2}$ (2) $\dfrac{1}{2}$

解説

1 (1) 2以下の目は1，2の2通りなので，確率は

$\dfrac{2}{6}＝\dfrac{1}{3}$

(2) 玉の取り出し方は赤，赤，白，白，白，白，白，青の8通り。

② 青玉を取り出す確率は $\dfrac{1}{8}$ なので，求める確率は

$$1-\dfrac{1}{8}=\dfrac{7}{8}$$

くわしく！ 起こらない確率 …………………… チャート式参考書 ≫p.172

2 表裏の出方を樹形図に表すと右
のようになる。3枚の硬貨をA，
B，Cと区別し，出方を
（A，B，C）で表す。

(2) 出方は（表，表，裏），
（表，裏，表），（裏，表，表）の

3通りなので，確率は $\dfrac{3}{8}$

3 2個のさいころをA，Bと区別し，目の出方を
（A，B）で表す。

(1) 出る目の和が4になる場合は，（1，3），（2，2），

（3，1）の3通りなので，確率は $\dfrac{3}{36}=\dfrac{1}{12}$

(2) 出る目の積について，

4になる場合　（1，4），（2，2），（4，1）

3になる場合　（1，3），（3，1）

2になる場合　（1，2），（2，1）

1になる場合　（1，1）

の8通り。よって，確率は $\dfrac{8}{36}=\dfrac{2}{9}$

4 (1) 十の位の数の選び方が4通り，それぞれに対して
一の位の数の選び方も4通りあるので，2けたの整
数は全部で $4\times4=16$（通り）で，このうち偶数は

22，24，32，34，42，44，52，54

の8通り。よって，確率は $\dfrac{8}{16}=\dfrac{1}{2}$

(2) 十の位の数の選び方が4通り，それぞれに対して一
の位の数の選び方が3通りあるので，2けたの整数
は全部で $4\times3=12$（通り）

このうち偶数は　24，32，34，42，52，54

の6通り。よって，求める確率は $\dfrac{6}{12}=\dfrac{1}{2}$

くわしく！ 2けたの整数の確率 ………… チャート式参考書 ≫p.175

チャレンジ ➡本冊 p.73

(1) $\dfrac{7}{18}$ (2) $\dfrac{1}{12}$

解説

(1) $\dfrac{b}{a}$ が整数になるよう
な目の出方は，右の
表の○で，14通りあ
る。

(2) $\dfrac{b}{a}$ が $\dfrac{1}{4}$ 以下になる
ような目の出方は，
右の表の●で，3通りある。

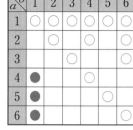

31 **確率②**

トライ ➡本冊 p.74

1 (1) $\dfrac{1}{5}$ (2) $\dfrac{4}{5}$

2 Aさん：$\dfrac{2}{5}$ 　Bさん：$\dfrac{2}{5}$

3 (1) 24通り (2) 12通り

4 (1) 48通り (2) $\dfrac{1}{4}$

解説

1 同じ色の玉を 赤$_1$，赤$_2$，赤$_3$，白$_1$，白$_2$，白$_3$ と区別
すると，玉の取り出し方は次の15通りである。

（赤$_1$，赤$_2$），（赤$_1$，赤$_3$），（赤$_1$，白$_1$），（赤$_1$，白$_2$），（赤$_1$，白$_3$），

（赤$_2$，赤$_3$），（赤$_2$，白$_1$），（赤$_2$，白$_2$），（赤$_2$，白$_3$），

（赤$_3$，白$_1$），（赤$_3$，白$_2$），（赤$_3$，白$_3$），

（白$_1$，白$_2$），（白$_1$，白$_3$），

（白$_2$，白$_3$）

(1) 2個とも赤玉が出る確率は $\dfrac{3}{15}=\dfrac{1}{5}$

(2) 「少なくとも1個は白玉」は，「『2個とも赤玉』で
はない」と同じなので，(1)より，$1-\dfrac{1}{5}=\dfrac{4}{5}$

くわしく！ 「少なくとも〜」 ………………… チャート式参考書 ≫p.176

2 当たりくじを ○$_1$，○$_2$，
はずれくじを ×$_1$，×$_2$，
×$_3$ と区別すると，引き
方は右の表のように全部
で20通りある。
Aさんが当たる場合は○
の8通り，Bさんが当た
る場合は□の8通り。

よって，確率はどちらも $\dfrac{8}{20}=\dfrac{2}{5}$

3 色をぬる部分をそれぞれ右のよう
に A，B，C，D とする。

(1) A に赤を使うとき，ぬり方は右
の樹形図のように 6 通りある。
A に青，黄，緑を使うときもそ
れぞれ 6 通りずつあるので，全
部で 6×4＝24（通り）

(2) A に赤を使うとき，ぬり方は右
の樹形図のように 4 通りある。
A に青，黄を使うときもそれぞ
れ 4 通りずつあるので，全部で
4×3＝12（通り）

4 a，b，c，d の 4 色から 3 色を
選ぶ選び方は，(a，b，c)，
(a，b，d)，(a，c，d)，
(b，c，d) の 4 通り。
色をぬる部分をそれぞれ右のよ
うに ①，②，③，④，⑤ とする。

(1) (a，b，c) の 3 色を使うと
する。① に a を使うとき，
ぬり方は右の樹形図のよう
に 4 通りある。① に b，c
を使うときもそれぞれ 4 通りずつあるので，
4×3＝12（通り）
(a，b，d)，(a，c，d)，(b，c，d) を使うときも
それぞれ 12 通りずつあるので，
全部で 12×4＝48（通り）

(2) (a，b，c) の 3 色を使うとする。(1)より，① に a
を使うぬり方は 4 通り。(a，b，d)，(a，c，d) を
使うときもそれぞれ 4 通りずつあるので，全部で
4×3＝12（通り）

よって，確率は $\dfrac{12}{48}=\dfrac{1}{4}$

チャレンジ ➡**本冊 p.75**

(1) $\dfrac{2}{9}$　(2) $\dfrac{1}{3}$

解説

A さんの手の出し方はグー，チョキ，パーの 3 通り。
そのおのおのについて B さん，C さんの手の出し方も
3 通りあるから，手の出し方は全部で
3×3×3＝27（通り）
(1) A さんがグーを出すとき，B さん，C さんの手の出
し方は（チョキ，パー），（パー，チョキ）の 2 通り。
A さんがチョキ，パーを出すときもそれぞれ 2 通り

ずつあるので，全部で 2×3＝6（通り）
よって，確率は $\dfrac{6}{27}=\dfrac{2}{9}$

(2) A さんの勝ち方は，次の場合が考えられる。

① A さん 1 人が勝つ場合
A さんがグーを出すとき，B さん，C さんの手の出
し方は（チョキ，チョキ）の 1 通り。A さんがチョキ，
パーを出すときもそれぞれ 1 通りずつあるので，全
部で 3 通り。よって，確率は $\dfrac{3}{27}=\dfrac{1}{9}$

② B さん 1 人が負ける場合
B さんがグーを出すとき，A さん，C さんの手の出
し方は（パー，パー）の 1 通り。B さんがチョキ，パ
ーを出すときもそれぞれ 1 通りずつあるので，全部
で 3 通り。よって，確率は $\dfrac{3}{27}=\dfrac{1}{9}$

③ C さん 1 人が負ける場合
② と同様に考えて，確率は $\dfrac{1}{9}$

①，②，③ より，求める確率は $\dfrac{1}{9}×3=\dfrac{1}{3}$

➡ **くわしく！** じゃんけんの確率……………… チャート式参考書 ≫p.178

確認問題⑥ ➡**本冊 p.76**

1 (1) 中央値：41 点　四分位範囲：12 点
(2) 数学

2 (1) $\dfrac{1}{2}$　(2) $\dfrac{1}{4}$

3 (1) $\dfrac{1}{4}$　(2) $\dfrac{2}{9}$　(3) $\dfrac{2}{9}$　(4) $\dfrac{5}{12}$

4 (1) $\dfrac{3}{5}$　(2) $\dfrac{7}{10}$

5 (1) $\dfrac{2}{15}$　(2) $\dfrac{4}{15}$

6 勝ちやすいのは B で，確率は $\dfrac{9}{16}$

解説

1 それぞれのデータを大きさの順に並べると，
数学：34，35，36，38，40，42，45，48，49，49
英語：32，34，35，35，36，38，38，39，41，45
(1) 第 1 四分位数は 36 点，第 3 四分位数は 48 点なので，
四分位範囲は 48－36＝12（点）
(2) 英語について，第 1 四分位数は 35 点，第 3 四分位
数は 39 点なので，四分位範囲は 39－35＝4（点）

四分位範囲が数学の方が大きいので，データの中央値のまわりの散らばりの程度が大きいのは数学である。

② 硬貨 3 枚を投げるとき，表裏の出方は全部で
$2 \times 2 \times 2 = 8$（通り）

(1) 2 枚ある 50 円硬貨は区別して考える。1 枚は表で 1 枚は裏になる出方は 2 通りある。それぞれに対して 100 円硬貨の出方が表，裏の 2 通りあるので，全部で $2 \times 2 = 4$（通り）

よって，確率は $\dfrac{4}{8} = \dfrac{1}{2}$

(2) 合計金額が 100 円となるのは，100 円硬貨が表で 50 円硬貨が 2 枚とも裏の場合と，100 円硬貨が裏で 50 円硬貨が 2 枚とも表の場合の 2 通りある。

よって，確率は $\dfrac{2}{8} = \dfrac{1}{4}$

③ 目の出方は全部で 36 通り。A，B の出方を (A, B) で表す。

(1) 出る目が両方とも 1，2，3 のいずれかになる場合なので，$(1, 1)$，$(1, 2)$，$(1, 3)$，$(2, 1)$，$(2, 2)$，$(2, 3)$，$(3, 1)$，$(3, 2)$，$(3, 3)$ の 9 通り。

よって，確率は $\dfrac{9}{36} = \dfrac{1}{4}$

(2) 出る目の和が 2，3，6 のいずれかになる場合なので，$(1, 1)$，$(1, 2)$，$(2, 1)$，$(1, 5)$，$(2, 4)$，$(3, 3)$，$(4, 2)$，$(5, 1)$ の 8 通り。

よって，確率は $\dfrac{8}{36} = \dfrac{2}{9}$

(3) $(4, 5)$，$(4, 6)$，$(5, 4)$，$(5, 5)$，$(5, 6)$，$(6, 4)$，$(6, 5)$，$(6, 6)$ の 8 通り。

よって，確率は $\dfrac{8}{36} = \dfrac{2}{9}$

(4) A の目が 6 のとき，B の目の出方は 1，2，3，4，5 の 5 通り。A の目が 5，4，3，2 のとき，B の目の出方はそれぞれ 4 通り，3 通り，2 通り，1 通りなので，全部で $5 + 4 + 3 + 2 + 1 = 15$（通り）

よって，確率は $\dfrac{15}{36} = \dfrac{5}{12}$

④ 十の位の数の選び方が 5 通り，それぞれに対して一の位の数の選び方が 4 通りあるので，2 けたの整数は全部で $5 \times 4 = 20$（通り）

(1) 奇数は
13，15，21，23，25，31，35，41，43，45，51，53 の 12 通り。よって，求める確率は $\dfrac{12}{20} = \dfrac{3}{5}$

(2) (1)の奇数のうち，素数は
13，23，31，41，43，53 の 6 通りあるので，素数にならない確率は $1 - \dfrac{6}{20} = \dfrac{7}{10}$

⑤ 6 個の玉を赤$_1$，赤$_2$，赤$_3$，白$_1$，白$_2$，青とすると，玉の取り出し方は次の 15 通りある。
(赤$_1$，赤$_2$)，(赤$_1$，赤$_3$)，(赤$_1$，白$_1$)，(赤$_1$，白$_2$)，(赤$_1$，青)，
(赤$_2$，赤$_3$)，(赤$_2$，白$_1$)，(赤$_2$，白$_2$)，(赤$_2$，青)，
(赤$_3$，白$_1$)，(赤$_3$，白$_2$)，(赤$_3$，青)，
(白$_1$，白$_2$)，(白$_1$，青)，
(白$_2$，青)

(2) (赤$_1$，赤$_2$)，(赤$_1$，赤$_3$)，(赤$_2$，赤$_3$)，(白$_1$，白$_2$) の 4 通りある。

⑥ カードの出方は全部で $4 \times 4 = 16$（通り）
このうち，A が勝つ出方は右の表の○で 7 通り，B が勝つ出方は $16 - 9 = 7$（通り）
よって B の方が勝ちやすく，確率は $\dfrac{9}{16}$ である。

A＼B	2	4	6	7
1				
3	○			
5	○	○		
8	○	○	○	○

入試対策テスト ⇒本冊 p.78

❶ (1) $4a + 3b$　(2) $\dfrac{11a + 5b}{6}$　(3) $-\dfrac{4}{3}b$

(4) $-\dfrac{1}{2}x^2$

❷ (1) $x = 3$，$y = -3$　(2) $x = -7$，$y = 3$

❸ (1) $p = 30$，$q = 9$　(2) 12 L　(3) $y = 3x + 3$

❹ 23°

❺ △ADC と △AEB において，
△ABC と △ADE が正三角形だから，
AD＝AE，AC＝AB
∠DAC＝60°－∠BAD，
∠EAB＝60°－∠BAD だから，
∠DAC＝∠EAB
2 組の辺とその間の角がそれぞれ等しいから，
△ADC≡△AEB
したがって，∠ABE＝∠ACD
△ABC が正三角形だから，
∠ACD＝∠BAC
よって，∠ABE＝∠BAC
錯角が等しいから，AC∥EB

❻ イ

❼ $\dfrac{1}{4}$

23

❶ (1) $3(2a-b)-2(a-3b)$

$=6a-3b-2a+6b$

$=(6-2)a+(-3+6)b=4a+3b$

(2) $\dfrac{5a-b}{2}-\dfrac{2a-4b}{3}=\dfrac{3(5a-b)-2(2a-4b)}{6}$

$=\dfrac{15a-3b-4a+8b}{6}=\dfrac{11a+5b}{6}$

(3) $(-3ab^2)\div\dfrac{9}{4}ab=-3ab^2\times\dfrac{4}{9ab}$

$=-\dfrac{3ab^2\times4}{9ab}=-\dfrac{4}{3}b$

(4) $\dfrac{5}{2}x^2y\times(-3x)\div15xy$

$=\dfrac{5}{2}x^2y\times(-3x)\times\dfrac{1}{15xy}$

$=-\dfrac{5x^2y\times3x}{2\times15xy}=-\dfrac{1}{2}x^2$

❷ 方程式を順に ①, ② とする。

(1) ①×3　　$15x+6y=27$

②×2　+)　$8x-6y=42$

　　　　　$23x=69$　　$x=3$

$x=3$ を ① に代入して,

$15+2y=9$　　$2y=-6$　　$y=-3$

(2) ① のかっこをはずして整理すると,

　　　　　　$-3x-5y=6$

②×3　+)　　$3x+6y=-3$

　　　　　　　　　$y=3$

$y=3$ を ② に代入して,

$x+6=-1$　　$x=-7$

❸ (1) グラフより，5 分後から q 分後の間，y は p で一定である。これは，ア側からあふれた水が仕切りをこえてイ側に流れこみ，ア側の水面の高さ y が変わらない様子を表している。よって $p=30$

また，水は常に一定の割合で入っていて，0 分後から 5 分後までの 5 分間で入る水の量は

$40\times60\times(30-5)=40\times60\times25$（cm^3）

5 分後から q 分後までの $(q-5)$ 分間で入る水の量は $(40\times40\times30)$ cm^3

これを比例式にすると，

$5:(q-5)=40\times60\times25:40\times40\times30$

$5:(q-5)=5:4$　　$q-5=4$　　$q=9$

(2) $40\times60\times25\div5=12000$（cm^3）

12000 cm$^3=12$ L

(3) $y=ax+b$ とおくと，$\begin{cases}30=9a+b\\66=21a+b\end{cases}$

連立方程式を解いて，$a=3$, $b=3$

❹ 平行線の錯角は等しいので，

$2\times\angle x+44°=90°$　　$\angle x=23°$

❺ データの個数が 30 なので，第 1 四分位数は最小値から 8 番目の値，中央値は最小値から 15 番目と 16 番目の値の平均値である。ヒストグラムから，第 1 四分位数は 7.0 秒以上 7.5 秒未満の階級にふくまれているのが分かるので，アとイが候補となる。再びヒストグラムから，中央値は 7.5 秒以上 8.0 秒未満の階級にふくまれるので，答えはイとなる。

❻ 起こる場合は，全部で $4\times3=12$（通り）

2 けたの整数が 7 の倍数になるのは，28，42，84 の 3 通りなので，求める確率は $\dfrac{3}{12}=\dfrac{1}{4}$